AF460120

ÉTUDES SUR LE MANQUE GÉNÉRAL

DES

POMPES A INCENDIE

DANS LES COMMUNES DE FRANCE

ET SUR LES MOYENS PROPRES A REMÉDIER A CE DÉNUMENT

PAR

DELPECH AINÉ

Constructeur à Castres, sur l'Agout (Tarn)

INVENTEUR

DE LA POMPE A DOUBLE EFFET

DITE POMPE CASTRAISE

BREVETÉE EN FRANCE (S. G. D. G.) ET A L'ÉTRANGER

EN APPLICATION

Dans la Marine impériale française et dans la Marine royale anglaise.

PARIS

IMPRIMERIE CENTRALE DES CHEMINS DE FER

DE NAPOLÉON CHAIX ET Cie,

Rue Bergère, 20, près du boulevard Montmartre.

1860

AVANT-PROPOS.

Le projet que j'ai l'honneur de soumettre à l'appréciation de tous et que je ne saurais trop recommander surtout à la vive sollicitude de l'autorité administrative, me paraît d'un intérêt si puissant qu'il serait superflu de l'embellir par une phraséologie brillante.

Personne ne saurait contester les progrès immenses accomplis en France, pendant ce siècle, dans toutes les branches des connaissances humaines. Les arts, la chimie, la mécanique, la physique, ont fait l'admiration du monde par leurs nouvelles découvertes. L'agriculture même, jadis si attachée à sa routine, est enfin résolûment entrée dans la voie du progrès et, comme toutes les sciences utiles, a fait aussi, dans cette voie, d'heureuses découvertes.

Dans cette dernière période surtout, par l'impulsion qu'a imprimée à tout et à tous le chef de l'État, la France entière semble s'être transformée en un vaste chantier, consacrant tout son génie à l'érection de l'édifice gigantesque qui s'élève, et qui sera assurément la gloire du XIXe siècle. Chaque ouvrier s'est si bien pénétré de la gloire impérissable de cette œuvre, qu'il brigue l'honneur d'y immortaliser son nom.

Trop heureux, si jamais le faible contingent de mes modestes travaux mérite de faire partie des matériaux consacrés à cette érection !

PREMIÈRE PARTIE.

ÉTUDES

SUR LE MANQUE GÉNÉRAL DES POMPES A INCENDIE

DANS LES COMMUNES DE FRANCE

ET SUR LES MOYENS PROPRES A REMÉDIER A CE DÉNUMENT.

Tout le monde reconnaît l'impérieuse nécessité que chaque commune soit pourvue au moins d'une bonne pompe à incendie. D'où vient donc que, malgré cette nécessité bien reconnue de tous, les quatre cinquièmes de nos communes se trouvent encore privés de ces appareils indispensables à la sécurité publique ?

Chacun s'émeut chaque fois que la voix de la presse nous annonce qu'une souscription est ouverte en faveur des victimes d'un de ces terribles incendies, à la suite desquels la population entière d'une commune a été réduite en quelques instants à la plus affreuse misère, dénuée de tout, sans pain et sans asile.

Il est un fait digne de remarque, c'est que la plupart des incendies qui dévastent les communes, ont pour cause première un feu insignifiant, qu'on réduirait en quelques instants si, dès l'origine, les habitants avaient sous la main une bonne pompe à incendie. A défaut de cet engin, il est des circonstances où le feu se propage avec tant de rapidité, que quelques heures lui suffisent parfois pour consommer la destruction de communes entières.

Personne ne saurait contester que c'est le manque de secours efficaces, dès l'origine d'un incendie, qui cause les plus grands désastres. En effet, lorsqu'un incendie a le temps d'atteindre certaines proportions avant que des secours énergiques ne viennent en arrêter les progrès, il ne reste plus alors qu'à faire la part du feu, en le concentrant dans son foyer. Mais encore, dans cette circonstance, faut-il des engins propres à le circonscrire dans la part qu'on lui a faite, et l'empêcher de se propager au delà. Un tel résultat, quelque onéreux qu'il soit, ne peut même être atteint dans la commune complétement dépourvue de pompe à incendie.

En face de cet état de choses et des désastres inévitables qui en découlent, on se demande à quoi doivent en être attribuées les causes, et quels sont les moyens propres à y remédier.

Personne n'ignore que depuis longtemps l'attention de nombre d'hommes remarquables a été frappée de cet état de choses, et que de longues études ont été consacrées à résoudre ce problème RESTÉ JUSQU'ICI SANS SOLUTION. Tout le monde connaît l'incessante sollicitude de l'autorité supérieure à ce sujet et les encouragements que l'autorité administrative renouvelle à chaque session des conseils communaux. On ne saurait non plus mettre en doute la bonne volonté de l'édilité communale, trop intéressée à voir disparaître enfin l'impuissance des populations à maîtriser ce fléau.

Tant de bon vouloir ainsi paralysé ne fait-il pas supposer que des difficultés invincibles s'opposent à l'heureuse solution de ce problème ? Je me hâte de dire qu'il n'en est rien. L'étude approfondie que j'en ai faite m'a révélé des obstacles ; mais ils sont loin d'être insurmontables.

Les causes qui ont le plus puissamment contribué à perpétuer jusqu'à nous l'état de choses existant, sont :

1° Les faibles ressources des budgets communaux ;

2° L'élévation du prix des pompes à incendie en usage ;

3° Enfin l'absence regrettable d'un système de pompe à incendie bien approprié aux exigences que comporte le service spécial des communes, service tout différent de celui des grands centres de population.

Les faibles ressources des budgets communaux ont interdit jusqu'ici aux communes l'acquisition de pompes à incendie, par le motif que le prix de ces appareils est supérieur au chiffre total du budget de la plupart des communes.

Par mes recherches opiniâtres, j'ai découvert le moyen de surmonter cet obstacle, sans recourir surtout à l'augmentation des budgets communaux, en imposant de nouvelles charges aux contribuables, moyen qui ne satisferait personne et n'aurait d'ailleurs qu'un bien faible mérite.

Le seul moyen propre à surmonter cet obstacle est que l'autorité compétente autorise toutes les communes privées jusqu'ici de pompes à incendie, à souscrire pour cette acquisition des obligations payables en dix annuités, avec cette réserve, que le chiffre de chaque obligation, en capital et intérêts, ne dépassera pas la somme de cent francs, afin qu'elles puissent être acquittées avec les ressources ordinaires du budget.

Le jour où l'autorité prendra une telle décision, toutes les communes de l'Empire trouveront, sur leur budget, des ressources suffisantes pour se pourvoir de ces appareils, et si, par exception, il s'en trouvait quelqu'une dont le budget par trop restreint ne lui permît pas d'en défalquer même une somme aussi réduite, il est certain que, dans ce cas, des souscriptions volontaires viendraient combler le déficit annuel. Cet espoir est d'autant plus fondé, que la prime d'assurance sur les bâtisses, dans les communes complétement dépourvues de pompes à incendie, est de 40 centimes par mille, tandis que la plupart des compagnies d'assurances, dans le but d'encourager l'acquisition de ces appareils, ont réduit cette prime à 30 centimes par mille, dans les communes pourvues de ces engins, ce qui constitue une différence de 25 pour cent, au bénéfice des assurés, sur leur prime d'assurance.

Il n'est pas possible de mettre en doute que, dans les communes où les ressources du budget seraient insuffisantes pour en défalquer annuellement, pendant dix ans, une somme de cent francs consacrée à l'acquisition d'une pompe à incendie, les propriétaires les plus imposés ne se cotisent pour combler, par une souscription volontaire, le déficit annuel que présenterait leur budget communal. Tous gagneraient à cette mesure par la diminution de leur prime d'assurance.

La deuxième des causes qui ont contribué pour une large part à perpétuer jusqu'à nous l'état des choses existant, est l'**élévation du prix des pompes à incendie en usage**. Le type de ces appareils le plus répandu en France est sans contredit la pompe dite MODÈLE du corps des sapeurs-pompiers de la ville de Paris; on pourrait même dire qu'elle est jusqu'ici la seule en application; mais le prix en est trop élevé pour qu'il puisse être acquitté par le mode de paiement indiqué plus haut. Il était donc urgent de produire un nouvel appareil, remarquable, non-seulement par une disposition mieux appropriée aux exigences que comporte le service spécial des communes, mais aussi par son prix sensiblement réduit.

La troisième et la plus grave cause est celle concernant l'absence regrettable d'un système de pompe à incendie bien approprié aux exigences que comporte le service spécial des communes, service complétement différent de celui des grands centres.

Sans être aucunement mû du désir de faire la critique des pompes à incendie en usage, il m'est néanmoins indispensable d'entrer dans quelques détails précis qui démontrent combien leur disposition est impropre au service spécial des communes, et qui établissent irréfutablement la différence de ces deux services, afin que chacun soit bien convaincu que ce qui est facile dans un grand centre, devient un obstacle insurmontable dans la commune.

Ainsi, la visite des organes intérieurs des pompes à incendie en usage ne peut être opérée sans procéder au démontage et au remontage complet de l'appareil et de son mouvement. Cette opération, je le répète, ne présente aucune difficulté dans un grand centre, où abondent toujours les hommes compétents pour y procéder; mais, dans les communes, où les ouvriers spéciaux manquent généralement, c'est là un obstacle insurmontable, et je dois faire remarquer que c'est précisément dans les localités où se produit le plus fréquemment l'impérieuse obligation de renouveler cette opération, qu'il est impossible d'y procéder.

En effet, la plupart des villes de France sont aujourd'hui dotées de fontaines publiques; il s'ensuit que, lors d'un sinistre, les pompes à incendie sont toujours alimentées par des eaux limpides, tandis que, dans les communes, on ne trouve la plupart du temps, pour cette alimentation, que l'eau croupissante de quelque mare, toujours chargée de vase, de paille, de feuilles et autres corps étrangers, tous propres à entraver le jeu des pompes, ou tout au moins de nature à rendre obligatoire, après un service, quelque restreint qu'il soit, le nettoyage des organes intérieurs, auquel il n'est possible de procéder qu'à l'aide d'un homme compétent qu'il faut appeler parfois de très-loin et payer fort cher. Mais ce n'est encore là que le moindre inconvénient; car s'il arrive, pendant la manœuvre, que la présence de quelque corps étranger mélangé au liquide entrave le jeu de l'un des organes essentiels, le fonctionnement de la pompe se trouve aussitôt interrompu; tout le monde est consterné, mais personne ne peut y remédier, et l'incendie n'en continue pas moins ses ravages.

Je pourrais signaler bien d'autres points sur lesquels laissent à désirer dans leur application au service des communes, les pompes à incendie en usage, notamment la détérioration de leurs organes essentiels par suite d'une inaction un peu prolongée, surtout à l'époque des chaleurs. Ces organes perdent alors tellement de leur justesse qu'il devient impossible d'en obtenir un bon fonctionnement au moment où surgit un incendie, si, préalablement, l'on n'a eu le soin de soumettre ces appareils à des manœuvres périodiques, ce qu'on ne peut obtenir des populations agricoles, par le motif qu'on ne peut prétendre organiser dans les communes un service régulier de sapeurs-pompiers, ainsi que cela existe dans les grands centres, où la manœuvre périodique des pompes est réglementaire. Lorsqu'un sinistre se produit dans une commune, toute la population se prête avec le plus grand dévouement à combattre le danger ; mais, ce danger passé, il n'est plus possible de réunir les habitants pour soumettre l'appareil à des manœuvres périodiques, obligatoires pour le maintenir en état de bon fonctionnement.

Il me serait facile de multiplier mes observations sur ce sujet ; mais j'ai la conviction que ce que j'ai constaté suffira amplement à démontrer la différence qui existe entre ces deux services, ainsi que les qualités indispensables que doivent posséder les pompes à incendie destinée au service spécial des communes, où le manque général de soins et d'entretien, et l'obligation de rester exposées un temps indéterminé à une inaction absolue, ne doivent en rien altérer la justesse de leurs organes essentiels.

Les qualités indispensables que doivent réunir ces appareils sont :

La plus grande solidité de construction dans tous leurs organes ; la plus extrême simplicité dans son principe constitutif ; la plus grande facilité de vérification des organes intérieurs, vérification pouvant être opérée instantanément par les mains les plus inhabiles et les moins exercées au contact des machines, sans qu'il soit besoin de rien démonter de la pompe ni de son mouvement ; il importe surtout que ces appareils soient combinés de telle sorte, que la présence de corps étrangers mélangés au liquide destiné à les alimenter, ne puisse en rien nuire à leur bon fonctionnement ; il importe encore que leurs organes essentiels ne perdent rien de leur justesse par suite du manque absolu du soin et d'entretien, pas plus que par suite d'une inaction, quelque prolongée qu'elle soit ; il faut enfin que les habitants d'une commune pourvue d'un de ces engins, soient toujours sûrs de le trouver en parfait état de bon fonctionnement.

Ces qualités sont rigoureusement indispensables pour les pompes à incendie destinées au service spécial des communes. Il en est une plus précieuse encore, c'est de pouvoir être acquises à des prix sensiblement au-dessous de celles jusqu'ici en usage.

C'est en toute connaissance de cause que j'ai entrepris cette production. Ne me dissimulant pas les difficultés que présentait sa réalisation, mais bien convaincu que la solution du problème que je me proposais dépendait entièrement du succès de cette entreprise, je me décidai à la tenter.

Huit années de travaux persévérants et de sacrifices pécuniaires considérables, devant lesquels ma persistance infatigable n'a point reculé, ont été consacrés à cette production. J'ai la satisfaction de pouvoir dire que l'appareil si vivement désiré, réunissant toutes les conditions que réclamait sa destination spéciale, est enfin produit.

Ne serait-ce pas le cas de dire ici que la durée des priviléges accordés aux inventeurs, en France, est par trop limitée, surtout pour les inventions utiles, qui exigent tant de temps et de sacrifices pour atteindre leur dernier degré de perfection? Ainsi, mon brevet d'invention de quinze ans, intégralement payé, qui date de 1852, a vu plus de la moitié de sa durée s'écouler en pure perte pour moi, attendu que ce temps a été entièrement consacré à perfectionner mon invention, et que chaque perfectionnement n'a pu être appliqué qu'à la suite d'expériences auxquelles a dû être soumis l'appareil, expériences plus dispendieuses que l'invention même.

Il me paraît indispensable d'entrer ici dans quelques détails sur la composition organique et le principe constitutif du système de pompes à incendie que j'ai produit en vue des exigences que comporte le service spécial des communes.

Cette pompe diffère essentiellement de celles jusqu'ici en usage. Elle est à deux pistons et à double effet, c'est-à-dire que chaque piston fait le vide et refoule en même temps. Par cette disposition, une pompe de mon système, d'un diamètre égal à celui des pompes en usage et faisant la même course de pistons, débite au moins le double d'eau dans le même espace de temps et le même nombre de coups de balancier. Pour n'obtenir que la même somme d'eau que débitent les pompes en usage, il faut faire emploi de cylindres d'un moindre diamètre et réduire la course des pistons. En procédant ainsi, on opère sur des surfaces moindres; les forces de résistance et de frottement se trouvent sensiblement diminuées, ce qui permet d'obtenir de plus grandes portées de jet avec moins de force dépensée.

Cette pompe se compose d'une enveloppe extérieure en fonte de fer, coulée d'une seule pièce, divisée en trois parties bien distinctes; dans les deux parties des extrémités sont logés deux cylindres en cuivre, dans lesquels se meuvent les pistons également en cuivre. Ces pistons sont pourvus à chaque extrémité d'une manchette flexible, et n'ont d'autre action de frottement contre la paroi du cylindre que par l'une ou l'autre de ces manchettes, selon qu'ils sont ascendants ou descendants. La résistance seule du liquide à refouler détermine l'application de la manchette contre la paroi du cylindre, ce qui prévient toute perte de force de frottement inutilement dépensée.

La partie du centre est elle-même divisée en quatre compartiments, dans lesquels sont logées quatre sphères en caoutchouc massif vulcanisé, remplaçant les soupapes ou clapets généralement employés dans les divers systèmes en usage. L'élasticité naturelle de ce nouveau système de soupapes les dispense de tout soin d'entretien, et leur légèreté prévient la nécessité d'une action brusque du piston pour déterminer leur élévation et livrer un large passage au liquide aspiré ou refoulé. Par leur flexibilité inaltérable, ces sphères referment toujours avec la plus extrême précision l'ouverture sur laquelle elles sont rappelées par l'action inverse du piston. La soupape la mieux ajustée ne saurait agir avec la même facilité d'action et surtout avec autant de précision. Elles agissent sur des siéges en bronze non hémisphériques, mais au contraire saillants et arrondis, de sorte qu'aucun corps étranger entraîné par le liquide ne peut séjourner sur leur orifice. Chaque sphère est logée dans un compartiment dont les parois sont assez rapprochées pour l'obliger toujours, dans son action, à retomber au centre de l'ouverture qu'elle doit alternativement ouvrir ou fermer. Un demi-cercle en fil de cuivre règle son point d'élévation, d'avance et de recul. Par cette disposition, chaque sphère, en quelque sorte prisonnière dans son compartiment respectif, n'en est pas moins, dans son action, complétement libre et indépendante, se meut avec la plus grande facilité au moindre déplacement du piston, et livre ainsi un large passage au liquide et aux corps étrangers qui peuvent s'y trouver mélangés.

Le réservoir à air qui surmonte le centre de l'enveloppe principale, entre les deux chambres dans lesquelles se trouvent logés les cylindres en cuivre, est également en fonte de fer, et, comme l'enveloppe principale, coulé d'une seule pièce. Son extrémité supérieure est pourvue de deux forts patins, venus à la fonte de la même pièce. Ces patins sont destinés à servir de point d'appui au balancier. Ce réservoir à air est relié à l'enveloppe principale par de forts boulons, et le tout ne forme plus qu'un seul et même corps, présentant aux chocs les plus violents une force de résistance inusitée dans les pompes à incendie jusqu'ici en usage.

Des regards ménagés au réservoir à air et à l'enveloppe principale, permettent la visite instantanée de l'intérieur de chaque compartiment dans lesquels sont logées les sphères. Cette visite peut être opérée par la première personne venue, n'ayant aucune connaissance spéciale des machines. Il suffit de desserrer une seule vis pour y procéder. On peut, avec la plus grande facilité, retirer hors de leur compartiment les sphères et s'assurer que rien n'obstrue leur marche régulière. Pour les remettre en place, il n'est besoin d'aucune précaution ni d'aucun soin. Il suffit de les jeter dans l'intérieur de leur compartiment pour que forcément elles reprennent d'elles-mêmes la place assignée à leur fonctionnement. Il serait superflu même de s'occuper si elles sont changées d'un compartiment à l'autre, ce changement ne pouvant en rien nuire au bon fonctionnement de la pompe.

Cette simplicité de vérification des organes essentiels de ce système de pompe, comparée aux difficultés qu'entraîne la visite des organes essentiels des pompes à incendie en usage, présente un contraste si frappant, qu'il est à craindre que les personnes qui connaissent par expérience les soins minutieux qu'exige la remise en place des organes essentiels des pompes à incendie jusqu'ici en usage, ne révoquent en doute les facilités dont j'ai doté mes appareils, tant qu'elles n'auront pas sous leurs yeux une pompe à incendie de mon système, leur permettant de s'assurer du fait.

Les difficultés que présentait la création d'un appareil réunissant toutes les qualités qu'exige le service spécial des communes, notamment la visite des organes essentiels mise à la portée de tous, même des mains les plus inhabiles et les moins exercées au contact des machines, et principalement le **prix sensiblement réduit, comparativement aux pompes à incendie en usage,** n'étaient pas chose facile à résoudre; néanmoins ma persistance infatigable les a toutes surmontées.

Ainsi, la pompe à incendie n° 1 de mon système, destinée au service spécial des communes, dont les pistons n'ont que 90 millimètres de diamètre et font 180 millimètres de course, débite de 260 à 280 litres d'eau par minute. Chacun peut contrôler l'exactitude de ces chiffres de la manière suivante : un piston de 90 millimètres de diamètre faisant 180 millimètres de course, produit un vide cubique d'un litre 14 centilitres. Chaque piston étant à double effet, c'est donc 2 litres 28 centilitres par coup de piston complet, c'est-à-dire montée et descente; abandonnant les huit centilitres pour le déplacement de la tige du piston, il reste net 2 litres 20 centilitres. La pompe étant à 2 pistons, le produit, par chaque coup de balancier complet, est donc de 4 litres 40 centilitres. La marche d'une pompe à incendie bien manœuvrée étant de 60 à 65 coups de balancier complet par minute, le débit de la pompe est donc de 264 à 286 litres par minute, selon la manœuvre.

Six hommes suffisent pour manœuvrer cette pompe, et lancer l'eau de 30 à 35 mètres de l'orifice de la lance, selon la manœuvre.

Je garantis l'exactitude de ces chiffres ; d'ailleurs, toutes les pompes à incendie et autres sortant de mes ateliers sont garanties pour un an. Toute pièce qui serait reconnue défectueuse pendant ce laps de temps sera rigoureusement remplacée à mes frais; on aura donc tout le temps pour vérifier l'exactitude des chiffres de débit et de projection que j'indique et que je garantis.

Le prix total de cette pompe complète, — composée de la pompe et de son mouvement, montée sur plateau en chêne bien ferré, avec bâche en cuivre, leviers de manœuvre, deux longueurs de tuyaux munis de leur boîte à raccord en cuivre et mesurant ensemble 16 mètres, la lance à deux orifices, le cordage à bilboquet, le chariot à flèche et à deux roues avec caisson garni de ses clefs pour le démontage et le remontage de l'appareil, —

est de huit cents francs, prise dans mes ateliers, à Castres (Tarn) ; les frais d'emballage et de transport sont à la charge des acquéreurs.

Pour faciliter aux communes qui en sont privées, l'acquisition de ces appareils et les moyens d'en acquitter le prix avec les ressources ordinaires de leur budjet, j'accepterai le mode de paiement suivant :

SAVOIR :

LE PRIX TOTAL DE LA POMPE EST DE 800 FRANCS

payable de la manière suivante :

REMISES.	RESTE DU.	INTÉRÊTS D'UN AN.	TOTAL.
	fr. c.	fr. c.	fr. c
100 fr. comptant à la livraison	700 »	35 »	735 »
100 fr. par obligation à un an............	635 »	31 75	666 75
100 fr. par obligation à deux ans...	566 75	28 30	595 05
100 fr. par obligation à trois ans	495 05	24 75	519 80
100 fr. par obligation à quatre ans.........	419 80	21 »	440 80
100 fr. par obligation à cinq ans	340 80	17 »	357 80
100 fr. par obligation à six ans...........	257 80	12 90	270 70
100 fr. par obligation à sept ans	170 70	8 50	179 20
100 fr. par obligation à huit ans...........	79 20	3 95	83 15
83.15 par obligation à neuf ans	pour solde	»	»

Ces obligations seront payables au chef-lieu d'arrondissement.

Les communes qui désireraient cette pompe à deux usages, c'est-à-dire disposée pour puiser soit dans la bâche, soit en dehors, au moyen d'un tuyau d'aspiration, doivent en faire la demande à la commande.

Moyennant la somme de 150 fr. en sus du prix fixé ci-dessus, l'appareil sera disposé pour ce double usage et pourvu d'une longueur de tuyaux d'aspiration de 6 mètres, muni de ses raccords, fermoirs et paniers de fond.

Cette double disposition est infiniment avantageuse pour le service des communes, où, la plupart du temps, au début de l'incendie, les bras manquent pour former la chaîne d'alimentation. S'il se trouve un puits, un vivier, un bassin ou une mare à portée du sinistre, la pompe puise dedans et fonctionne immédiatement sans qu'il soit besoin d'avoir recours à la chaîne d'alimentation.

Cette disposition de l'appareil réunit encore d'autres avantages au profit des communes, puisqu'il permet de l'utiliser, au besoin, aux épuisements, aux arrosements et même aux assainissements communaux.

Le PRIX TOTAL DE L'APPAREIL avec ses adjonctions étant de 950 fr., la commune devra payer à la livraison 177 fr., et, pour solde du capital et intérêt restant, dix obligations de 100 fr. chacune, payable en dix annuités au chef-lieu d'arrondissement.

Les pompes à incendie nº 2 du même système, destinées aux grands centres de population, ont 105 millimètres de diamètre aux cylindres, et les pistons font 200 millimètres de course; leur débit est de 350 à 380 litres par minute. Manœuvrées par huit à dix hommes, elles ont une portée de jet de 32 à 36 mètres de l'orifice de la lance, selon la manœuvre. Ce modèle, à moins de demande spéciale, est toujours disposé à deux usages, pour puiser dans la bâche ou en dehors avec tuyau d'aspiration.

Son prix, tout complet, — avec les mêmes accessoires que ceux détaillés pour la pompe nº 1, y compris le tuyau d'aspiration et raccords,— est de 1,150 fr. Les chefs-lieux d'arrondissements et de cantons qui en feraient la demande et qui voudraient profiter des facilités de paiement accordées aux communes, auront à payer comptant, à la livraison, 377 fr., et, pour solde du capital et intérêt restant, dix obligations de 100 fr. chacune, payables en dix annuités au chef-lieu d'arrondissement.

J'ai la ferme confiance que ce projet, tout conçu dans l'intérêt général, sera pris en sérieuse considération par l'autorité supérieure, et qu'elle s'empressera de le porter à la connaissance de MM. les administrateurs placés sous son autorité, et principalement de MM. les maires des communes complétement dépourvues de ces engins indispensables à la sécurité publique (et le nombre en est grand en France! Cela est pénible à dire, mais malheureusement c'est l'exacte vérité). Plus de trente mille communes sont encore privées de ces appareils; il y a donc urgence de remédier le plus promptement possible à cet état de choses perpétué jusqu'à nous, et de porter au plus tôt à la connaissance de tous et de favoriser autant que possible l'application du remède qui seul peut couper court au mal.

Qu'il me soit permis de faire remarquer encore à l'autorité administrative, que le nouveau système de pompe à incendie que j'ai produit en vue de satisfaire aux exigences que comporte le service spécial des communes, n'a absolument rien d'équivoque. **Je le garantis supérieur, sous tous les rapports, à tous les appareils existants destinés à cet usage, sans en excepter même la pompe dite Modèle du corps des sapeurs-pompiers de la ville de Paris.** A cet égard, je ne dois pas craindre de mettre de côté ma modestie pour porter à la connaissance de tous les faits qui se sont passés à ce sujet.

Avant de propager mon système de pompes à incendie, j'ai voulu faire sanctionner sa supériorité incontestable sur les divers systèmes en usage. A cet effet, je sollicitai de S. Exc. M. le ministre de l'intérieur qu'il voulût bien ordonner que cet appareil fût soumis à des expériences comparatives avec le modèle adopté pour le service du corps des sapeurs-pompiers de la ville de Paris, sous le contrôle d'une commission chargée de constater les résultats obtenus par l'un et l'autre système. Son Excellence, toujours disposée à accueillir favorablement toute demande qui peut avoir pour résultat de constituer une amélioration dans un service quelconque, s'empressa, avec sa bienveillance inépuisable, de faire droit à ma demande, et donna ordre de nommer une commission chargée de procéder à ces expériences. Cette commission fut composée de deux ingénieurs et cinq officiers de divers grades du corps des sapeurs-pompiers, sous la présidence de M. Babinet, de l'Institut.

Il serait par trop long d'entrer dans le détail de tous les faits qui ont surgi à cette occasion ; il me suffira de dire sans crainte d'être démenti par personne, que le 25 juin 1860, jour fixé pour procéder à ces épreuves, arrivés sur les lieux désignés dans lesquels sont situés les bassins de Chaillot, MM. les officiers des sapeurs-pompiers, après un léger examen de la différence de niveau de l'eau du bassin dans lequel devaient puiser les pompes pour s'alimenter, différence de niveau qui n'excédait pas 4 mètres, déclarèrent qu'ils refusaient de faire fonctionner leurs pompes dans ces conditions, alors que de mon côté j'aurais voulu que cette différence du niveau fût au moins du double, afin qu'elle permît de procéder à une épreuve concluante, ne laissant aucun doute sur la puissance de l'un et de l'autre système.

La commission fut donc obligée de limiter son examen à contrôler les résultats obtenus par les pompes de mon système, qui seules fonctionnèrent en sa présence, soit en puisant dans le bassin, soit en puisant dans des cuviers dans lesquels avait été mélangée au liquide une grande quantité de corps étrangers, tels que gravier, charbon, escarbille, éclats de faïence, morceaux de bois et rognures de cuir gras, enfin toute espèce de corps étrangers les plus propres à engorger le jeu des pompes. Tous ces corps étrangers ont été aspirés et rejetés par mes pompes sans que leur débit en fût seulement diminué.

Il serait injuste de ne pas dire ici que MM. les officiers des sapeurs-pompiers ont déclaré à M. Babinet, président de la commission, que leur système de pompes à incendie était impuissant à fonctionner dans de semblables conditions. Néanmoins, ces messieurs, après un tel aveu, pour couvrir en quelque sorte leur défaite, ont jugé à propos d'émettre des doutes sur la durée de mon système de pompes.

Il m'importait à moi de dissiper ces doutes par des pièces authentiques de nature à fixer irréfutablement l'opinion de tous à cet égard. Je me suis donc empressé de m'adresser à un grand nombre de personnes qui, depuis un certain temps, emploient des pompes de mon système, consacrées à divers services, les priant, si elles étaient satisfaites du fonctionnement de ces appareils, d'avoir l'obligeance de m'en adresser une attestation légalisée par l'autorité compétente. Dans l'espace d'une quinzaine de jours, il m'est parvenu un si grand nombre de ces attestations, qu'il me serait impossible de les insérer toutes à la suite de cet exposé. Dans la nécessité absolue où je suis de limiter ici à un nombre assez restreint l'insertion de ces documents, j'ai dû faire choix de ceux émanant d'hommes les plus spécialement compétents pour juger sûrement de la valeur de ces appareils.

Il est un point, du reste, sur lequel j'appelle plus particulièrement l'attention de l'autorité administrative, et qui sera, je l'espère, reconnu de nature à rassurer toutes les craintes sur l'inaltérable bon fonctionnement des pompes de mon système.

A l'avenir, je suis prêt à prendre l'engagement envers toutes les communes qui me feront la demande de pompes à incendie, de leur étendre la garantie de ces appareils jusqu'à son parfait paiement, c'est-à-dire l'espace de dix ans. Pendant toute cette période de temps, elles seront en droit de refuser l'acquittement des obligations restant à solder, s'il était reconnu que l'appareil que je leur aurai fourni, présente une défectuosité quelconque.

Tout le monde comprendra que, pour prendre un semblable engagement, il faut que je sois parfaitement sûr et de la bonne construction et des qualités inaltérables que réunissent mes appareils.

Je verrai encore avec satisfaction que MM. les préfets imposent aux communes qui leur feront la demande d'être autorisées à souscrire des obligations pour cette acquisition, la condition de venir recevoir cet appareil à leur chef-lieu d'arrondissement, et qu'avant de le leur livrer, il soit soumis en leur présence, sous le contrôle d'hommes compétents, à des expériences comparatives avec les pompes à incendie que possède déjà le chef-lieu, m'engageant d'avance, — si l'appareil que j'aurai livré n'est pas reconnu supérieur, tant sous le rapport de la solidité de construction que de la facilité de vérification de ses organes essentiels, et, enfin, tant par sa puissance d'aspiration et de portée de jet que par son débit, par rapport au volume engendré, — à le reprendre et à rembourser intégralement tous les frais qu'aurait occasionnés l'arrivée à sa destination.

Qu'il me soit permis de faire remarquer en terminant, que la **pompe Castraise** n'a encore figuré que dans trois expositions différentes, ainsi que la manière dont elle y a été appréciée :

1o A l'exposition universelle de 1855. A cette époque, cet appareil était loin d'avoir atteint le degré de perfection qu'il possède aujourd'hui. Néanmoins, le jury de la quatrième classe, présidé par M. le lieutenant général d'artillerie Morin, directeur en chef du Conservatoire impérial des arts et métiers, vu la nouveauté de son principe constitutif, jugea convenable de le soumettre à des expériences dynamométriques du plus grand intérêt, ayant pour but de déterminer exactement son rendement en effet utile par rapport à la force dépensée D'après le rapport de ces expériences, dont un extrait est inséré plus loin, le jury lui décerna la médaille de deuxième classe.

2° A l'exposition générale de Toulouse de 1858, cet appareil, bien que n'ayant pas encore atteint son dernier degré de perfection, était néanmoins déjà doté de qualités telles, que le jury appelé à décerner des récompenses aux divers appareils soumis à son appréciation, distingua la **pompe Castraise,** qui fonctionna sans interruption aucune pendant toute la durée de l'exposition, et lui décerna la médaille d'argent de première classe, seul prix de ce mérite accordé aux appareils de cette catégorie.

3° Enfin, en 1860, à l'exposition de Montpellier, le jury, présidé par M. Lerendue, a décerné à la **pompe Castraise** la médaille d'or, seul prix de ce mérite accordé aux appareils de cette catégorie.

De tels encouragements sont bien faits pour me dédommager des peines et soins consacrés à cette invention, et me font espérer que l'avenir, quelque restreinte que soit la durée du privilége qui me reste, suffira à compenser amplement les sacrifices pécuniaires qu'elle m'a occasionnés.

DELPECH aîné.

SECONDE PARTIE.

PROCÈS-VERBAUX.

PROCÈS-VERBAL des expériences faites au Conservatoire impérial des arts et métiers, sur la pompe de M. Delpech, de Castres, le 4 septembre 1855.

CONSERVATOIRE IMPÉRIAL des Arts et Métiers.

—

Copie.

—

La pompe d'épuisement de M. Delpech se compose d'un corps vertical en cuivre en communication constante, aux deux extrémités de la course du piston, avec une boîte latérale qui contient toutes les soupapes; cette boîte, divisée en quatre compartiments, contient quatre sphères qui sont en caoutchouc et remplies à l'intérieur de grenaille de plomb pour leur donner une densité suffisante. Les deux soupapes qui communiquent avec la même chambre du cylindre sont placées l'une au-dessus de l'autre, le boulet inférieur servant à l'aspiration, le boulet supérieur au refoulement : le système des soupapes de la chambre supérieure des cylindres se trouve placé de la même manière à côté du premier, et l'espace compris entre les deux soupapes d'un même système se trouve toujours en communication libre avec l'intérieur du corps de pompe. Le volume total de l'eau emmagasinée étant par cette disposition beaucoup plus considérable que celui du cylindre, on comprend qu'une partie seulement du liquide aspiré parvient jusqu'au corps de pompe, ce qui donne à cet appareil la propriété de pouvoir fonctionner avec des eaux très-limoneuses ou très-chargées de matières étrangères; les corps étrangers peuvent passer au travers des soupapes sans pénétrer dans le cylindre, qui est dès lors à l'abri des détériorations que produit leur passage rapide dans les circonstances ordinaires.

Les dimensions principales de la pompe sont les suivantes :

Diamètre du corps de pompe..	$0^{m},300$
Course du piston............	$0^{m},194$
Diamètre des boulets.........	$0^{m},160$
Poids d'un boulet...........	$4^{k},300$
Diamètre des orifices........	$0^{m},120$

Rapport entre les sections des passages et du corps de pompe $0^{m},162$.

Les expériences dynamométriques faites sur cette machine ont eu pour objet de déterminer pour des différentes vitesses de marche et différentes hauteurs, l'effet utile par rapport au travail dépensé, ainsi que le rapport entre le volume engendré par le piston et celui de l'eau débitée.

Les résultats de ces expériences sont consignés dans le tableau suivant. Une sixième observation a été faite à une vitesse plus considérable que celle qui correspond à l'expérience n° 1, mais l'incertitude qui paraît exister sur la mesure de l'essort exercé a engagé à n'en pas tenir compte au procès-verbal.

RÉSULTATS DES EXPÉRIENCES

SUR LA POMPE A ÉPUISEMENT A DOUBLE EFFET, ASPIRANTE ET FOULANTE

de M. DELPECH, à Castres.

Numéros des expériences.	Hauteur d'élévation mesurée au seuil du réservoir	Charge d'eau sur le seuil du réservoir.	Différence de niveau ou élévation totale.	Tours par minute.	Eau par minute.	Eau par seconde.	Eau par tour.	Rapport du volume engendré au volume de l'eau élevée.	Vitesse de l'eau dans les tuyaux.	Vitesse moyenne du piston.	Vitesse à la circonférence de la poulie du dynamomètre.	Effort moyen sur la poulie du dynamomètre.	Travail en kilomètre dépensé sur la pompe.	Travail absolu en eau élevée par seconde.	Rapport ou effort utile R p. 0/0.
	m.		m.		lit.	lit.			m.		m.	k.	k.	k.	
1	2 844	0.496	3.037	28.50	686 »	11.44	24.07	89.04	0.576	0.092	1.190	60.98	72.50	32.49	44.80
2	2.745	0.126	2.871	21.61	523 »	8.75	24.31	90. »	0.432	0.069	0.905	49.20	44.20	24.04	54.50
3	2.737	0.145	2.882	23.37	573 »	9.55	24.35	90.20	0.470	0.075	0.980	50.40	48.30	26.15	54.40
4	3.337	0.076	3.413	14.30	361 »	6.02	25.27	93 06	0.289	0.046	0.600	50.48	30.28	20.10	66.50
5	3.373	0.107	3.480	19.28	466 »	7.77	24.40	90.02	0.388	0.062	0.808	55.50	45.50	26.21	57.70

Le tuyau d'aspiration avait 1^m de longueur.

Le tuyau de refoulement était surmonté d'un réservoir avec déversion de 0^m,060 de hauteur sur 0^m,400 de largeur.

Le mouvement était transmis directement à la tige au moyen d'une bielle commandée par une manivelle fixée sur l'arbre du dynanomètre de rotation à styles.

Volume engendré par chaque tour de piston : 27^l,009.

Il résulte de ces chiffres, 1° que la pompe de M. Delpech a constamment fourni un volume d'eau égal à 090 du volume engendré, ce qui atteste pour les clapets une excellente marche : ce rapport s'élève à 0^m,936 pour la vitesse minimum de quatorze tours par minute qui correspond à une vitesse moyenne du piston de 0^m,046 seulement par seconde ;

2° Que l'effet utile a varié d'une manière régulière pour les différentes vitesse de marche depuis 66 5 0/0 du travail moteur pour 14.30 tours par seconde jusqu'à 44 8 0/0 pour 28.5 tours.

La pompe a, dans les différentes conditions, parfaitement fonctionné, et l'on doit la considérer comme un appareil d'épuisement offrant toute sécurité dans son emploi.

Afin de vérifier si les matières étrangères que l'eau pourrait entraîner nuiraient à la marche de la pompe, on a mélangé au liquide une grande quantité de cendres, d'escarbilles et de morceaux de charbon : la pompe a continué à fonctionner à plein débit sans être aucunement dérangée dans sa marche, malgré l'exagération apportée à dessein dans cette partie des essais : les corps étrangers n'ont pas pénétré dans le corps de la pompe.

Fait par l'ingénieur sous-directeur du Conservatoire impérial des arts et métiers, soussigné :

Paris, le 8 juillet 1856.

Signé : TRESCA.

Vu et approuvé,

Le Général de division, directeur du Conservatoire des arts et métiers,

Signé : A. MORIN.

OBSERVATIONS.

Ces expériences d'une précision indiscutable me firent apprécier la nécessité d'apporter à mes appareils de nombreuses modifications. En effet, le rendement utile de mes pompes augmentant en rapport de la diminution de la vitesse du piston, il était évident que la section des orifices était trop restreinte par rapport au diamètre du piston; il fallait donc, pour éviter la contraction du liquide aspiré, augmenter le diamètre des tuyaux d'aspiration et d'évacuation, et, par suite, l'orifice des siéges sur lesquels agissaient les sphères, ainsi que le diamètre de ces dernières, pour qu'elles fussent en rapport avec l'orifice qu'elles doivent alternativement ouvrir ou fermer, augmenter enfin la course du piston pour en diminuer le nombre de coups par minute et obtenir une plus grande somme d'eau débitée.

Ces modifications ont eu pour résultat de rendre les appareils bien plus faciles à manœuvrer et ont sensiblement augmenté leur débit par rapport au volume engendré, lequel atteint, dans les faibles aspirations, jusqu'à cent pour cent. Le rendement, en effet utile, a aussi sensiblement augmenté, puisqu'il atteint aujourd'hui 70 0/0 de la force dépensée.

MINISTÈRE DE LA MARINE et des COLONIES.

—

Direction du matériel.

—

BUREAU des Constructions navales. 2e Section.

—

Expériences faites à Toulon, sur la pompe Delpech.

CONSEIL DES TRAVAUX DE LA MARINE.

EXTRAIT DU REGISTRE DES DÉLIBÉRATIONS.

Séance du 20 mars 1855.

Procès-verbal adopté le 27 mars 1855.

Dans la séance du 19 décembre dernier, le conseil des travaux, appelé à examiner la description d'un système de pompe aspirante et foulante dû à M. Delpech, de Castres, émet l'avis qu'il y avait lieu, avant tout examen, de faire suivre par l'ingénieur en résidence à Bordeaux les expériences auxquelles les pompes de M. Delpech devaient être soumises en cette ville. Par suite des circonstances, les essais dont il s'agit ont dû se faire à Toulon. Le rapport de la commission qui en a été chargée est soumis au conseil.

La pompe a été établie à fond de cale à bord du vaisseau la *Ville de Marseille;* les hommes qui la manœuvraient étaient placés dans le faux-pont. La commission a constaté que la quantité d'eau fournie par coup de piston était de 35 litres ;

Que les charbons mêmes, les étoupes, les bouts de cordage, les morceaux de bois jetés dans le tuyaux d'aspiration étaient aspirés et rejetés par la pompe sans que les clapets fussent gênés dans leur jeu.

En présence de pareils résultats, le conseil est d'avis qu'il conviendrait, ainsi que le propose la commission,

De placer un certain nombre de pompes Delpech à bord des bâtiments de la flotte pour éprouver leurs qualités, comparativement à celles de M. Letestu, et reconnaître si un usage un peu prolongé et les différentes circonstances où elles peuvent se trouver placées ne nuiraient pas à leur bon fonctionnement, le contact fréquent de l'eau chaude pouvant avoir une influence destructive sur le caoutchouc des clapets et garnitures. C'est surtout à bord des bâtiments à vapeur qu'il y aurait lieu de faire l'essai comparatif dont il s'agit.

Fait à Paris, les jour, mois et an que ci-dessus.

Membres présents :

MM. Desfossés, Durbec, Trotté de la Roche, Reibell, Cros, Allix, de Montaignac, Bonie, Veron, Martin, Audenet, secrétaire.

Pour copie conforme :
Le Secrétaire du conseil,
Signé : AUDENET.

Vu par le Président
Vice-Amiral,
Signé : ROMAIN-DESFOSSÉS.

Pour copie conforme :
Le Directeur du matériel,
Signé : DELAVRIGNAY.

OBSERVATIONS.

A la suite de cette délibération du conseil des travaux, S. Exc. M. le ministre de la marine décida l'acquisition d'un certain nombre de pompes castraises pour être placées à bord de divers bâtiments de la flotte, en cours de navigation, pour en éprouver la durée, pendant un temps assez prolongé, avant toute décision relativement à leur adoption définitive dans la marine impériale.

AMIRAUTÉ ANGLAISE.

DÉPARTEMENT du Directeur général du matériel DE LA MARINE.

Somerset-House, W. C., 17 juillet 1858.

Je certifie que le document ci-dessous est une copie authentique du rapport du maître constructeur des navires de l'arsenal de Voolwich, daté du 28 mai 1858.

Signé : R. DUNDAS,
Directeur général du matériel de la marine.

Arsenal de Woolwich, 28 mai 1858.

Monsieur,

Nous référant à votre note du 23 sur la lettre du secrétaire de l'Amirauté du 22 dernier, E, nous prenons la liberté de vous rapporter qu'ayant examiné et essayé la pompe de MM. Delpech et Ce, nous avons reconnu que c'est une pompe aspirante et foulante, à double action et à simple corps, le diamètre du corps de pompe et du piston étant de 11 7/8 pouces (anglais), le coup de piston d'un pied (anglais).

L'espace dans lequel fonctionne le piston dans sa course haut et bas, pris ensemble, est de 2 pieds. Les principaux fonctionnements de cette pompe sont les clapets-boules en caoutchouc, la facilité d'y atteindre en tout temps, et la sécurité contre tout dérangement dans le cas où des corps étrangers viendraient à s'introduire dans la pompe.

La pompe fut montée sur le caisson central et essayée avec dix hommes relevés tous les cinq minutes par d'autres hommes, la première corvée reprenant son tour au troisième temps, et ainsi de suite. On éleva ainsi 4,622 gallons (environ 21,000 litres) d'eau à la hauteur de 4 pieds (1^m,22) et on la refoula de 8 1/2 pieds (2^m,75), faisant en tout 12 1/2 pieds (3^m,97) de hauteur verticale en 19 minutes 45 secondes; ce qui fait une moyenne de 7,79 gallons par coup, et 23,4 gallons par homme et par minute.

On fit un autre essai en jetant du charbon, des cendres, etc., au pied du tube aspirant, et des morceaux variant de dimension, de petits, jusqu'à plus de la moitié du diamètre du tube aspirant, furent enlevés et rejetés très-librement par la pompe, sans qu'il y eût aucune apparence qu'ils aient sérieusement affecté son jeu et sa puissance d'action.

D'après les résultats ci-dessus, nous la considérons comme une bonne pompe de cale, et si l'espace qu'elle occupe sur deux ponts (comme elle est représentée dans le dessin accompagnant la description d'une pompe montée à bord d'un navire de guerre français) n'est pas considéré comme une objection, nous recommanderions qu'une pompe, établie sur le même principe, avec siéges pour les clapets-boules faits en bronze, au lieu de fonte, soit montée pour essai à bord d'un des navires de Sa Majesté Britannique, ayant aussi une plaque aspirante de pont y attachée, pour pomper les liquides des diverses cales, ainsi que cela se fait au service de Sa Majesté.

Signé: W. RICE,

Maitre-constructeur de navires.

OBSERVATIONS.

Dans ce compte rendu, M. Rice a omis, par oubli sans doute, une des expériences capitales faites par ordre de l'Amirauté, ayant pour but de préciser au juste la quantité d'eau élevée par minute par la POMPE CASTRAISE.

A cet effet, il fut placé sur un bateau plat quatre caisses à eau de la marine, contenant chacune, mesurée au gallon, à la main, de 302 à 305 gallons. Ces caisses ont été remplies plusieurs fois chacune et à diverses reprises par la POMPE CASTRAISE manœuvrée par dix hommes; il n'y a jamais eu d'autre variation dans cette épreuve, que de 35 à 36 coups de piston et 42 à 44 secondes.

Cette expérience a été recommencée plusieurs fois en présence de M. Large, ingénieur de 1re classe, attaché à l'Amirauté; de M. Sturday, ingénieur de

2me classe, attaché à l'arsenal maritime de Woolwich ; de M. Rice, premier maître-constructeur de l'arsenal de Woolwich, et de M. Edwin Baker, correspondant du *Times*, journal qui a, du reste, rapporté cette expérience sur l'avis que lui en a donné son correspondant.

Une quatrième expérience a encore été faite en présence de ces messieurs ; mais comme il s'agissait d'une expérience comparative avec une pompe anglaise à deux pistons et d'un diamètre légèrement supérieur au piston unique de la POMPE CASTRAISE, la différence, pour extraire la même somme d'eau du bateau, dans le temps et le nombre de coups de piston, a été si grande, à l'avantage de la POMPE CASTRAISE, que je crois convenable de m'abstenir de la rapporter.

Je dirai seulement que, les expériences terminées, l'Amirauté anglaise a donné l'ordre d'acheter la POMPE CASTRAISE qu'elle avait fait expérimenter, laquelle a été placée à bord du vaisseau le *Trafalgar*, pour y être expérimentée en essai de durée en cours de navigation, afin de reconnaître ses qualités, avant d'en adopter définitivement l'application à bord de la marine royale.

GÉNIE.

DIRECTION DE BAYONNE

Chefferie de Tarbes.

N° 198.

Copie.

CERTIFICATS ET ATTESTATIONS

SUR LA DURÉE ET LE BON FONCTIONNEMENT DES POMPES CASTRAISES.

Tarbes, le 20 octobre 1859.

Monsieur Delpech aîné, constructeur à Castres (Tarn).

Monsieur,

Conformément au désir exprimé dans votre lettre, je m'empresse de vous faire connaître mon opinion sur la valeur des pompes que vous m'avez fournies soit à Sétif, soit à Tarbes.

Vos pompes ordinaires sont incontestablement bien supérieures à toutes celles qu'on pourrait leur opposer, sans en excepter la pompe Letestu, qui n'a pas, comme la vôtre, la propriété, si précieuse surtout dans les épuisements, de laisser passer, sans altération aucune, tous les corps étrangers d'un diamètre inférieur à celui des clapets.

La pompe à incendie que vous m'avez fournie ne laisse rien à désirer sous le rapport de la fabrication et présente toutes facilités de vérification. Cette pompe a été comparée à celles dont fait usage la compagnie des sapeurs-pompiers de la ville de Tarbes et prises dans les meilleurs ateliers de Paris. Les résultats constatés dans un procès-verbal n'ont laissé aucun doute sur la supériorité de la vôtre comme puissance de manœuvre, énergie et étendue de projection ; cette pompe, certainement moins bien entretenue que celles de la compagnie des pompiers, a admirablement fonctionné en toute occasion, alors que d'autres présenteraient des altérations inhérentes au système d'après lequel elles sont établies.

En conséquence, je me fais un devoir de certifier que, dans mon opinion, étayée sur une assez longue expérience, vos pompes ordinaires comme vos pompes à incendie sont bien supérieures à toutes celles que j'ai vu employer soit dans le corps du génie, soit ailleurs.

Le Chef du bataillon du génie, commandant en chef,

Signé : C. GAUBERT.

CONSEIL D'ÉTAT.
—
M. GASC,
Conseiller d'État.
—

Paris, le 9 juillet 1860.

Monsieur,

Voici ma réponse à votre lettre.

J'ai deux pompes de votre système et de calibre différent :

La première, la plus forte, sert à l'irrigation de mon parc; elle est mue par un manége à un collier; elle est en plein air, livrée à l'humidité du puits et à toutes les influences atmosphériques. Elle fonctionne depuis trois ans.

La seconde est une pompe à l'intérieur de la maison, allant prendre l'eau en profondeur et en étendue à près de 100 mètres. Cette pompe, quoique légère, atteint au-dessus du toit de ma maison; elle sert au ménage, à l'irrigation des parterres; elle servirait contre un incendie.

Il n'y a jamais eu d'interruption dans le service de ces pompes, quoique je ne les surveille pas moi-même et qu'elles restent inactives pendant plus de six mois.

Je ne sais pas si votre système comporte l'emploi d'étoupes, par la raison bien simple que je ne sais pas si vous en employez; les pompes n'ont jamais été démontées et elles fonctionnent régulièrement à la première impulsion.

Vous pouvez faire de ma lettre tel usage que vous voudrez; je dis la vérité et je la certifie.

Recevez, etc.

Signé : GASC,
Conseiller d'Etat.

M. BERNADOU,
maire de Castres (Tarn).

Le maire de Castres, département du Tarn, certifie que, dans plusieurs faits d'incendie qui se sont produits dans cette ville, les POMPES CASTRAISES de la maison Delpech aîné et Ce, amenées spontanément sur les lieux du sinistre, y ont produit les meilleurs résultats et ont rendu de prompts et véritables services.

Le maire croit devoir ajouter que la POMPE CASTRAISE est employée avec avantage dans le pays pour l'arrosement des jardins et même pour les irrigations.

Castres, le 5 juillet 1860.

Le Maire,
Signé : BERNADOU.

Vu pour légalisation de la signature de M. Bernadou, maire de Castres.

Castres, le 5 juillet 1860.

Le Sous-Préfet,
Signé : GRIMALDI.

M. L. D'AUSSAC, capitaine de frégate.

Je soussigné, capitaine de frégate en retraite, officier de la Légion d'honneur, maire de la commune d'Anymontel, département du Tarn, me sers depuis le 26 juin 1856 d'une POMPE CASTRAISE calibre n° 2.

Cette pompe élève l'eau au haut de mon habitation de Peyrin, d'où elle est distribuée à tous les étages ; elle sert pour l'arrosage des fleurs.

Je certifie que cette pompe fonctionne depuis qu'elle a été mise en place, sans exiger aucune réparation ; le presse-étoupes n'a même pas été visité chaque année.

Fait à Peyrin, le 16 juillet 1860.

Signé : L. D'AUSSAC.

Vu pour légalisation de la signature L. d'Aussac, apposée d'autre part.

Castres, le 18 juillet 1860.

Le Maire,
Signé : BERNADOU.

Vu pour légalisation de la signature de M. Bernadou, maire de Castres.

Castres, le 19 juillet 1860.

Le Sous-Préfet,
Signé : GRIMALDI.

M. FABRE, maire de Labruguière (Tarn).

Le maire de Labrugnière, chef-lieu de canton, arrondissement de Castres (Tarn), certifie que depuis environ six ans la commune a fait l'acquisition d'une pompe à la maison Delpech aîné et Ce, constructeurs à Castres, pour le service d'une fontaine à l'usage de tous les habitants de la ville. Depuis cette époque, livrée au public, faisant le service le plus actif entre les mains des gens inhabiles et parfois même mal intentionnés, elle a résisté sans aucune réparation à toutes les manœuvres à laquelle on l'a assujettie, et n'a jamais cessé la marche régulière qu'elle possédait lorsqu'elle a été livrée.

Il certifie, en outre, qu'une pompe à incendie a été livrée par le même fournisseur à la même commune, et qu'il reconnaît que sous tous les rapports elle est de beaucoup supérieure à une pareille achetée à Paris il y a quelques années. Les soins prodigués à l'exécution de cet engin l'ont mis jusqu'ici à l'abri de toute espèce de réparation et nous sont un sûr garant pour les services auxquels nous l'avons destinée.

En foi de ce.

Labrugnière, le 8 juillet 1860.

Le Maire,
Signé : A. FABRE.

Vu pour légalisation de la signature de M. Fabre, maire de Labrugnière.

Castres, le 9 juillet 1860.

Le Sous-Préfet,
Signé : GRIMALDI.

Nous, soussigné, Numa Sers, maire de la commune de Viane, canton de Lacaune (Tarn), reconnais que M. Delpech aîné, mécanicien à Castres, m'a livré, dans l'année 1854, deux pompes dites Castraises, n° 6.

M. NUMA SERS, maire de la commune de Viane (Tarn).

Ces deux pompes ont été placées au lieu dit la Rabaudie, dans le but d'élever une partie de l'eau du ruisseau dit du Girousel sur un mamelon attenant, sur le sommet duquel sont construits les bâtiments d'exploitation de la métairie dite la Rabaudie, et ce dans le but d'avoir à proximité l'eau nécessaire pour le service des métayers, et surtout pour l'arrosement du terrain situé autour des bâtiments d'exploitation.

J'ai eu lieu de reconnaître que ces pompes, quoique construites dans les premiers temps de l'invention de M Delpech, et par conséquent bien différentes de celles qu'il construit aujourd'hui, d'après les perfectionnements qu'il y a apportés, m'ont cependant rendu sous tous les rapports un précieux service ; elles m'ont donné la possibilité de convertir en pré de première nature les abords de la métairie, qui n'étaient qu'un roc.

Ces pompes sont mises en jeu par une roue hydraulique ; elles élèvent l'eau à une hauteur de 18 à 20 mètres ; elles fonctionnent facilement; leur bonne construction les a mises jusqu'à ce jour à l'abri de réparation, et je dois reconnaître que j'ai lieu d'en être satisfait sous tous les rapports.

M. Delpech m'a aussi livré une petite pompe pour le service de la maison. Cette pompe, construite d'après son dernier perfectionnement, a toujours fonctionné sans le moindre dérangement, quoiqu'on en use sans ménagement. J'ai dû reconnaître que son système de presse-étoupes est très-avantageux, d'un service facile, et n'ayant jamais exigé la moindre réparation.

Dans la présente attestation, je crois devoir signaler le service que nous a rendu cette petite pompe dans une circonstance où le feu s'était manifesté dans une cheminée.

La première cause de cet incendie était la violence du vent, qui, pénétrant dans la cuisine avec force, avait enlevé des étincelles du foyer, qui avaient allumé la cheminée à son sommet, à 10 ou 12 mètres de haut au-dessus du foyer. Le vent était des plus forts et il était impossible de monter sur le toit; l'heure avancée de la nuit rendait de ce côté tout travail impossible; le feu, activé par un vent impétueux, augmentait rapidement, et nul doute que la maison et le quartier ne fussent devenus dans peu la proie des flammes, si nous n'avions pas eu à notre disposition cette petite pompe, qui nous permit d'élever un jet d'eau à cette hauteur, et par suite de nous rendre en peu d'instants maîtres du feu.

Ayant donc reconnu par expérience l'utilité de ces pompes, je puis en certifier le grand avantage.

Pierre-Ségnave, ce 17 juillet 1860.

Le Maire,

Signé : N. SERS.

Vu pour la légalisation de la signature de M. Sers, maire de Viane.

Castres, le 20 juillet 1860.

Le Sous-Préfet,

Signé : GRIMALDI.

MAIRIE
DE LACROUZETTE
—
Arrondissement
DE CASTRES (TARN).
—

Lacrouzette, le 5 juillet 1860.

Monsieur Delpech,

J'ai l'honneur d'attester et de certifier que la pompe que vous m'avez fournie, le 10 novembre 1856, portant le calibre n° 2, m'est d'une fort grande utilité ; d'abord le maniement en est très-facile ; elle me paraît d'une parfaite construction, et par conséquent d'une grande solidité ; car, depuis que je la possède, je n'ai pas eu besoin de lui faire la moindre réparation.

Vos pompes, mon cher monsieur Delpech, ne peuvent pas manquer d'avoir un très-grand débit ; car, pour si peu qu'elles soient connues, on ne peut et on ne doit hésiter d'en faire l'acquisition.

Veuillez, etc.

Le Maire,
Signé : PUECH.

Vu pour la légalisation de la signature de M. Puech, maire de Lacrouzette, apposée d'autre part.

Castres, le 7 juillet 1860.

Le Sous-Préfet,
Signé : GRIMALDI.

M. H. DE FRANCE,
Maire de Carbes, directeur de la ferme-école de Mandoul (Tarn).

Je soussigné, maire de la commune de Carbes, et directeur de la ferme-école de Mandoul, certifie que, depuis le 20 mai 1855, je me sers d'une pompe Castraise, n° 4, pour l'arrosement de mon jardin, et que j'ai toujours été satisfait de son service et de la quantité d'eau qu'elle fournit, qui est suffisante pour l'arrosage à la pelle.

Son entretien est facile ; il a suffi de renouveler tous les ans les étoupes du presse-étoupes, et une seule fois, depuis qu'elle est placée, il a été nécessaire de la démonter pour la nettoyer à la suite d'un orage qui avait porté beaucoup de vase dans le bassin où elle est placée.

Fait à Mandoul, le 5 juillet 1860.

Le Maire de Carbes,
Signé : H. DE FRANCE.

Vu pour légalisation de la signature de M. H. de France, apposée ci-contre.

Castres, le 9 juillet 1860.

Le Maire,
Signé : BALARAN, adjoint.

Vu pour légalisation de la signature de M. Balaran, adjoint au maire de Castres.

Castres, le 10 juillet 1860.

Le Sous-Préfet,
Signé : GRIMALDI.

M. L. ALBY, ingénieur des ponts et chaussées.

Je soussigné, Louis Alby, ingénieur des ponts et chaussées, certifie avoir une pompe dite Castraise, fabriquée par le sieur Delpech, de Castres.

Cette pompe est placée dans la cour de ma métairie de la Barraque depuis plus de sept ans, et complétement livrée aux paysans. D'abord posée par les ouvriers du sieur Delpech, elle a été enlevée et posée ailleurs par un forgeron de village. Elle a résisté à toutes les épreuves, et depuis sept ans elle n'a nécessité aucune réparation.

Castres, le 6 juillet 1860.

Signé : L. ALBY.

Vu pour légalisation de la signature Alby, apposée ci-contre.

Castres, le 9 juillet 1860.

Pour le maire,
Signé : BALARAN, adjoint.

Vu pour légalisation de la signature de M. Balaran, adjoint au maire de Castres.

Castres, le 10 juillet 1860.

Le Sous-Préfet,
Signé : GRIMALDI.

M. HARDY, ingénieur des ponts et chaussées, à Alger.

Je soussigné, ingénieur des ponts et chaussées, chargé du service du 2e arrondissement du département d'Alger, certifie ce qui suit :

M. Delpech, mécanicien à Castres, a fourni pour mon service une pompe Castraise, calibre n° 4, dont il est l'inventeur.

Cette pompe, mue par un homme et sans beaucoup de fatigue, a élevé à 4 mètres de hauteur, d'après l'expérience que j'en ai faite, 15 litres d'eau en neuf secondes, soit 100 litres à la minute. Elle fonctionne depuis trois mois sans le moindre dérangement et à la complète satisfaction des personnes qui ont à en faire usage.

Le soussigné se plaît à rendre hommage à l'excellence du système de M. Delpech, et il se promet bien d'en faire usage à la première occasion qui se présentera.

Alger, le 4 août 1854.

Signé : E. HARDY.

M. LE TESSIER DE LAUNAY, ingénieur civil, à Brest.

Le soussigné, ingénieur civil et directeur des ponts de Brest, certifie avoir employé la pompe Delpech, dite Castraise, dans divers épuisements, notamment dans la fondation de la pile du pont de Brest et au creusement du bassin du Salou.

Ces pompes sont d'une manœuvre facile, de construction simple, solide, et se posent sans aucun apprêt.

Appliquées à opérer sur des eaux chargées de vase, de sable et de pierres, elles ne s'engorgent jamais.

Depuis deux ans qu'elles ont été mises en service par le soussigné, les réparations ont été presque nulles.

Le presse-étoupes est très-heureusement combiné, et n'exige point les réparations fréquentes des autres systèmes employés aux mêmes travaux d'épuisement.

Brest, le 24 juillet 1860.

Signé : LE TESSIER DELAUNAY.

Vu pour légalisation de la signature de M. Le Tessier Delaunay, apposée cidessus.

En Paris, ce jour 24 juillet 1860.

Le Maire,
Signé : BIZET.

GÉNIE.

DIRECTION D'ALGER.

ARSENAL.

Alger, le 6 décembre 1854.

Monsieur,

J'ai l'honneur de vous adresser un mandat n° 401 pour solder la pompe Castraise que vous avez expédiée pour le service de l'arsenal du génie d'Alger. Ce mandat monte à 535 fr. 50 c.; avec les 35 c. de timbre, cela forme la somme de 535 fr. 85 c., montant de la feuille de dépenses ci-jointe, que je vous prie de me retourner de suite, après avoir mis votre acquit en regard de la somme sur la feuille de son duplicata.

La première pompe que vous m'avez envoyée fonctionne parfaitement. Je ne doute pas qu'elle vous occasionne bientôt de nouvelles commandes.

Agréez, etc.

Le Chef de bataillon, chef du génie de l'arsenal,
Signé : RENOUX.

Société de Carbonisation des bassins houillers de la Loire, du Rhône et de la Saône.
—
H. LATRADE et Ce
—

Le soussigné déclare qu'en juillet et en novembre 1859, il acquit trois pompes à MM. Delpech aîné et Ce (ce sont des pompes nos 3 et 4); qu'elles sont employées dans l'usine du Marais pour élever à différentes hauteurs des eaux ammoniacales et des goudrons de houille; que jusqu'à présent elles n'ont donné lieu à aucune espèce de réparation, et qu'elles pourraient être employées comme pompes à incendie, vu la puissance et la régularité de leur jet.

Saint-Étienne, le 9 juillet 1860.

L'Ingénieur, sous-directeur de l'usine du Marais, Société H. LATRADE et Ce,

Signé : CARVÈS.

Vu pour la légalisation de la signature de M. Carvès, apposée ci-dessus :

En mairie, à Saint-Étienne, le 10 juillet 1860.

Le Maire,

Signé : FAURE-BELON.

CHEMIN DE FER D'ORLÉANS.
—
Réseau central.
—
SOUS-DIRECTION de la RÉGIE D'AUBIN.
—

Forges de Fumel, le 14 juillet 1860.

Je soussigné, directeur des Forges et Fonderies de Fumel,

Certifie :

Que MM. Delpech aîné et Ce ont fourni à l'établissement, le 3 avril 1856, une pompe Castraise no 2, et que depuis cette époque elle a toujours très-bien fonctionné.

Signé : BATON.

Vu pour légalisation de la signature de M. Baton, ci-dessus apposée :

Fumel, le 14 juillet 1860.

Le Maire de Fumel,

Signé : FOURNIER-GORRE.

M. CHRISTOPHE COLOMB, directeur des mines de Brignolles (Var).

MM. Delpech aîné et Ce, mécaniciens brevetés, à Castres (Tarn).

Très-satisfait des services que nous ont rendus dans nos travaux d'exploration pour mines de charbon situées dans la commune du Val, arrondissement de Brignolles (Var), les deux POMPES CASTRAISES, système de votre invention aspirantes et foulantes et à double effet, nous nous plaisons à vous en donner le témoignage.

La première que vous nous avez fournie, calibre n° 2, le 15 janvier 1857, fut installée aux 9/10 de la profondeur d'une galerie inclinée à environ 45 degrés; avec une aspiration d'environ 5^m,25, elle nous rejetait l'eau en dehors de la galerie à environ 45 mètres au-dessus de sa pose : c'était donc de l'aspiration à l'évacuation un trajet d'environ 50^m,25. L'eau, souvent terreuse, était rejetée au loin de la galerie à environ 20 mètres. Ce travail, pour un service assez régulier, n'a jamais exigé plus d'un homme à la manivelle.

La deuxième pompe, calibre n° 3, nous fut expédiée par votre maison le 10 février 1857. Quoique destinée à être descendue à toute profondeur d'un puits vertical, et prochainement à 52 mètres de l'orifice, elle n'est encore posée qu'à 14 mètres. Nous n'avons eu, jusqu'à ce jour, à l'utiliser qu'avec des eaux toujours terreuses; cependant sa fonction n'a jamais rien laissé à désirer, soit avec une faible aspiration, soit même lorsqu'elle a dû s'effectuer à environ 8 à 9 mètres de son point de pose. Cette pompe, que deux hommes faisaient assez régulièrement fonctionner et qu'un seul faisait facilement mouvoir, nous a également été de la plus grande utilité.

La pompe n° 2, toute montée sur un plateau qui rend son déplacement et sa pose très-faciles, a été aussi installée au fond du puits pour en rejeter de l'eau que nous y avions laissé accumuler et que la pompe n° 3, sans être déplacée, ne pouvait plus atteindre. Dans cette seconde application, ce système portatif, d'une grande simplicité, nous a également été très-utile.

Le peu de soins, Messieurs, que vos pompes exigent, avantages qui résultent, pensons-nous, de la perfection apportée à l'ajustage ou au fini de toutes les pièces qui les constituent et à la précision de leur montage, les rend bien précieuses comme pompes d'épuisement.

Ayant pu facilement remédier à l'altération des presse-étoupes, altération résultant, soit d'un travail non interrompu, soit de la nature des eaux terreuses que nous avons toujours eu à rejeter, nous nous proposons, s'il y a lieu, d'employer encore de préférence votre système de pompes Castraises perfectionnées, et munies de garnitures en cuivre ou laiton au portage des boules en caoutchouc, aux travaux des mines de charbons situées dans la vallée du Jabron, sur les limites des départements du Var et des Basses-Alpes, où nous pensons concentrer bientôt toute notre attention en attendant la reprise des travaux temporairement suspendus sur la formation carbonifère du Val (Var).

D'après ce, vos pompes doivent être très-utiles dans les incendies et les arrosages.

Brignolles, ce 10 juillet 1860.

Signé : CHRISTOPHE COLOMB,

Directeur-gérant de la Compagnie des Mines du Val et du Jabron.

Vu pour légalisation de la signature de M. Christophe Colomb, directeur-gérant de la Compagnie des Mines du Val et du Jabron, ci-dessus apposée.

Pour le maire et les adjoints empêchés,
le Conseiller municipal délégué,
Signé : LIEUTAND,

Vu pour légalisation de la signature de M. Lieutand, membre du conseil municipal délégué, ci-dessus apposée, en empêchement de MM. les maire et adjoints.

Pour le sous-préfet, en congé,
le Conseiller d'arrondissement, délégué.
Signé : MAURIN.

LA NATIONALE,
Compagnie d'Assurances contre l'incendie.
—
M. GUICHARD.
—

Castres, le 7 juillet 1860.

MM. Delpech aîné et Cᵉ, à Castres.

Messieurs,

Deux sinistres presque simultanés ont, dans la matinée d'hier, affligé notre ville.

Comme toujours, vous avez, avec un louable empressement, réuni aux secours dont dispose notre administration, ceux bien reconnus déjà de vos pompes et de vos ouvriers.

Agent d'une Compagnie d'assurances à laquelle vous avez été utiles en maintes occasions, je regarde comme un devoir de vous exprimer mes sentiments de gratitude.

Ce devoir est d'autant plus impérieux pour moi dans cette circonstance, qu'une de vos pompes est demeurée toute la journée à ma disposition, ainsi qu'à celle de plusieurs autres intéressés, et qu'avec un très-petit nombre de bras elle a suffi pour obtenir d'excellents résultats.

La puissante efficacité de vos pompes à incendie n'était pas douteuse pour moi : je viens de la reconnaître une fois de plus.

Réussissez, Messieurs, à les répandre comme elles le méritent ; je le désire ardemment, non-seulement pour vous constructeurs, mais encore dans l'intérêt bien compris du public et de tous les assureurs.

Veuillez, etc

L'Agent général,

Signé : GUICHARD.

Vu pour légalisation de la signature Guichard, apposée ci-dessus.

Castres, le 13 juillet 1860.

Le Maire,

Signé : BERNADOU.

Vu pour légalisation de la signature Bernadou, maire de Castres.

Castres, le 14 juillet 1860.

Le Sous Préfet,

Signé : GRIMALDI.

Éclairage minéral économique au gaz économique.

—

E. DE L'ISLE DE SALES

—

Je, soussigné, Émile de l'Isle de Sales, demeurant actuellement à Dieppe, Seine-Inférieure, certifie que, le 1er octobre 1857, MM. Delpech et Ce, fabricants de pompes, à Castres, nous ont fourni une pompe du calibre no 4, qui a été placée dans la mine de schiste d'Igarnay, canton de Lucenay, près Autun (Saône-et-Loire), à une profondeur de 8 mètres, et que cette pompe nous a permis d'épuiser avec facilité l'eau de cette mine, à l'aide de deux hommes. Il y avait alors 4 mètres d'eau, et une pompe à clapets, mue par un cheval, et qui servait antérieurement à épuiser la même mine, était alors dérangée et noyée au point de rendre toute réparation impossible.

La pompe de MM. Delpech et Ce a toujours bien fonctionné ; le presse-étoupes, dont les réparations sont très-rares, exige peu de soins ; en un mot, la pompe de ces messieurs est la meilleure dont nous ayons fait usage jusqu'à ce jour, comme je me plais à le reconnaître par le présent certificat.

Dieppe, le 3 juillet 1860.

Signé : E. DE L'ISLE DE SALES.

Vu pour légalisation de la signature de M. E. de l'Isle de Sales, apposée ci-contre.

A Dieppe, en l'hôtel de ville, le 3 juillet 1860.

Le Maire,

Signé : LECLERC-LEFEBVRE.

Usine de Salvages — Hte COSTE, à Castres (Tarn). —

J'emploie à l'usine de Salvage trois pompes Castraises, dont deux calibre 6 et une calibre 8.

Ces pompes, mues par un moteur hydraulique, marchent nuit et jour toute l'année, sans interruption.

Deux ont été placées le 1er mars 1857.

La troisième, le 25 novembre 1857.

Dans l'intervalle qui sépare ces deux dates nous avons pu constater le bon fonctionnement de ces pompes.

Le service de l'eau dans ma papeterie n'a jamais été mieux organisé que depuis leur placement.

Je dois ajouter qu'une quatrième pompe, calibre 4, fonctionne dans ma maison de Castres pour l'arrosage du jardin. Et je puis dire que de toutes je suis parfaitement satisfait.

En foi de quoi j'ai donné le présent.

Castres, le 2 juillet 1860.

Signé : Hte COSTE.

Vu pour légalisation de la signature de M. Coste, apposée ci-contre.

Castres, le 2 juillet 1860.

Le Maire,

Signé : L. BERNADOU.

Vu pour légalisation de la signature de M. Bernadou, maire de Castres.

Castres, le 3 juillet 1860.

Le Sous-Préfet,

Signé : GRIMALDI.

Ferme-école de Visens par Lourdes, Hautes-Pyrénées.

Visens, par Lourdes, le 10 juillet 1860.

Le directeur de la ferme-école de Visens, soussigné, certifie, pour rendre hommage à la vérité, que la pompe Castraise du calibre 3, fournie par MM. Delpech et Ce, a été appliquée à un puits de profondeur existant au quartier de cavalerie de remonte établi sur le domaine de Visens, appartenant à M. Daura d'Embarrère, député des Hautes-Pyrénées ; que cette pompe fournit chaque jour pendant l'année l'eau qui est nécessaire pour abreuver les deux cent trente chevaux qui sont la moyenne de l'effectif de l'établissement, ainsi que pour les divers services de la cuisine des troupes; elle sert également, en été, à arroser la cour de la caserne dans laquelle elle fonctionne.

Elle n'a nécessité jusqu'à ce jour aucune espèce de réparation. Ce système de pompe me paraît à tous égards recommandable, tant pour les services qu'elle rend que pour le peu de réparation qu'elle paraît exiger.

Signé : BURG DE LA BRIE.

Vu pour légalisation de la signature Burg de la Brie.

Lourdes, le 11 juillet 1860.

Le Maire,

Signé : LACADÉ.

MM. RONANET et Ce, fabricant de papier, à Castres (Tarn).

Nous, soussignés, déclarons à qui il appartiendra que nous avons fait placer soit dans notre maison, soit dans notre usine, trois pompes Castraises fournies par la maison Delpech aîné et Ce ; que deux de ces pompes fonctionnent à la main et sont du calibre 2; l'autre, beaucoup plus forte, calibre 11, mue par un manége hydraulique, fonctionne nuit et jour sans s'arrêter jamais; que nous sommes très-satisfaits des unes et des autres et qu'elles nous ont rendu de très-grands services. En foi de quoi nous avons signé le présent, en observant que sur ces trois pompes, une fonctionne depuis cinq ans et les deux autres depuis trois ans seulement.

Castres, le 4 juillet 1860.

Signé : ROUANET et Ce.

Pour légalisation de la signature Rouanet, apposée ci-dessus.

Castres, le 4 juillet 1860.

Le Maire,
Signé : BERNADOU.

Vu pour légalisation de la signature de M. Bernadou, maire de Castres.

Castres, le 5 juillet 1860.

Le Sous-Préfet,
Signé : GRIMALDI.

M. BOURGAREL, vice-consul d'Espagne, à Toulon.

Je soussigné, propriétaire, négociant, vice-consul d'Espagne, chevalier de l'ordre d'Isabelle la Catholique, à Toulon-sur-Mer, certifie que MM. Delpech aîné et Ce, ingénieurs et fabricants de pompes, etc., à Castres, m'ont fourni dans le courant du mois de septembre 1857, une POMPE CASTRAISE, calibre 1, no 307, pour arrosage de jardins.

Cette pompe, qui a fonctionné depuis lors tous les étés, a un jet assez élevé pour atteindre le sommet des arbres de mon jardin. Jusqu'à présent elle n'a exigé aucune réparation, et a toujours parfaitement fonctionné et m'a donné entière satisfaction.

Aussi, c'est avec empressement et avec un véritable plaisir que je remets le présent certificat qui m'est demandé.

Toulon-sur-Mer, le 10 juillet 1860.

Signé : A. BOURGAREL.

Vu par nous, maire de Toulon, pour légalisation de la signature de M. Bourgarel apposée ci-contre.

Toulon, le 10 juillet 1860.

Pour le maire,
Le Conseiller municipal, délégué,
Signé : A. FROMINY.

Castres, le 2 juillet 1860.

LAINES PEIGNÉES.

Filature de MM. FAU frères, à Castres (Tarn).

Nous nous servons depuis longtemps des pompes Castraises, de MM. Delpech et Ce, entre autres, d'un calibre no 4, qui fonctionne à bras, pendant quatorze heures par jour, pour monter l'eau à 15 mètres pour le service d'un lavage de laines. Ces pompes n'ont exigé peu ou point de réparations et nous en éprouvons une satisfaction complète.

En foi de quoi nous avons délivré le présent certificat.

Signé : FAU frères.

Vu pour légalisation de la signature de MM. Fau frères, apposée ci-dessus.

Castres, le 2 juillet 1860.

Le Maire,

Signé : BERNADOU.

Vu pour légalisation de la signature de M. Bernadou, maire de Castres.

Castres, le 3 juillet 1860.

Le Sous-Préfet,

Signé : GRIMALDI.

M. FOURGASSIÉ-RIVES, propriétaire, à Castres (Tarn).

Je soussigné déclare

Que M. Delpech m'a fourni en 1855 une pompe, calibre no 1, pour usages domestiques ;

En 1856, une pompe, calibre no 3, pour lavage de laines ;

La même année, une pompe, calibre no 2, pour alimentation d'une teinturerie.

Enfin, en 1857, il a été placé par le même constructeur, deux pompes, calibres 10, de son système, élevant 12 litres d'eau par seconde à une hauteur de 13 mètres, pour irrigation de ma propriété de la Condamine, près Castres.

Je suis entièrement satisfait de ces appareils, qui n'ont exigé jusqu'ici aucune réparation.

Les pompes pour irrigation fonctionnent au moyen d'une roue hydraulique et marchent vingt-quatre heures par jour.

Malgré ce travail incessant, les pompes n'ont subi aucune altération, et le presse-étoupes n'a eu besoin d'être regarni que deux fois dans l'espace de trois ans.

En foi de quoi, je signe le présent certificat.

Castres, le 2 juillet 1860.

Signé : FOURGASSIÉ.

Vu pour légalisation de la signature de M. Fourgassié, apposée ci-dessus.

Castres, le 2 juillet 1860.

Le Maire,

Signé : BERNADOU.

Vu pour légalisation de la signature de M. Bernadou, maire de Castres.

Castres, le 3 juillet 1860.

Le Sous-Préfet,

Signé : GRIMALDI.

M. Jules de VIL-LEFRANCHE, au château de la Vernière.

M. Delpech, mécanicien à Castres, a placé chez moi deux pompes Castraises dont il est l'inventeur, du calibre 4. Il m'avait promis à l'élévation perpendiculaire de 26^{m},50, et sur un parcours de 102 mètres, qu'à la force d'un cheval au manége, ces pompes me débiteraient 2 litres chaque par coup de piston. Le manége ayant un levier de 5 mètres, la circonférence de parcours était de 33 mètres; le cheval doit parcourir 2 tours à la minute, les pompes frappant chacune 8 coups de piston pour un tour de manége en une minute, les pompes donnent 16 coups de piston. Le débit doit être de 64 litres à la minute. L'expérience faite nous a donné un excédant sur le chiffre promis. En outre, nous avons adapté au dégorgeoir 30 mètres de tuyaux mobiles, armés d'une lance de pompier, l'orifice de cette lance étant de 0^{m},01 ; nous avons obtenu une projection de 15 à 18 mètres. Je me plais à constater ici que sans avoir demandé de garantie à M. Delpech, il a bien voulu, de son propre mouvement, m'en donner une d'un an.

Je dois constater ici qu'un seul homme au levier du manége fait arriver l'eau au point de dégorgement.

Lavernière près Briateste (Tarn).

Signé : J. DE VILLEFRANCHE.

M. ENGRAND et Cᵉ fabricant de tissus en caoutchouc, à Jouy-en-Josas (Seine-et-Oise).

Nous soussignés, Engrand et Cᵉ, fabricants de tissus imperméables en caoutchouc, demeurant à Jouy en Josas (Seine-et-Oise), certifions et attestons que M. Delpech aîné, constructeur à Castres (Tarn), nous a fourni en 1855 une pompe de son invention, aspirante et refoulante, du calibre n° 2.

Nous certifions en outre que ladite pompe n'a pas cessé de fonctionner jusqu'à ce jour, aux deux usages en même temps, sans nécessiter aucun dérangement ni aucune réparation.

Jouy-en-Josas, le 20 juillet 1860.

Signé : ENGRAND et Cᵉ.

Vu pour légalisation de la signature de MM. Engrand et Cᵉ, fabricants en cette commune, laquelle est apposée ci-dessus.

Pour le maire absent,
L'Adjoint,

Signé : BULAFAT.

Le soussigné certifie à qui il appartiendra que MM. Delpech et Ce, fabricants de pompes à Castres, m'ont vendu :

M Firmin CARLES, propriétaire à la Garrigue, près Lavaur (Tarn).

1° Une pompe n° 2, destinée à pourvoir d'eau les étages supérieurs de ma maison, aspirant l'eau à une distance de 20 mètres, à la hauteur de 5m,50 ;

2° Une autre pompe n° 2, aspirant l'eau à 27 mètres de distance et 6 à 7 mètres de profondeur, et la refoulant à 70 mètres de distance et 4m,50 de hauteur ;

Que je suis très-satisfait de l'une et de l'autre, et que la dernière notamment, qui paraîtrait devoir exiger une grande force motrice, est conduite à bras très-facilement par un homme de force ordinaire.

Garrigues-lez-Lavaur, le 15 juillet 1860.

Signé : FIRMIN CARLES.

Vu pour légalisation de la signature ci-dessus.

Garrigues, ce 16 juillet 1860.

Le Maire,

Signé : MAURICE D'AGUILHON.

Je soussigné, M. Barthélemi Rouïré, propriétaire à Saint-Nazaire, certifie que la pompe Castraise, calibre 6, que m'ont vendue MM. Delpech aîné et Ce, de Castres, depuis qu'elle est placée chez moi, n'a pas encore eu besoin de réparation. Voilà déjà deux ans qu'elle est placée ; les propriétaires qui l'ont vue fonctionner étaient étonnés de voir l'eau que montait cette pompe. Elle se trouve toujours en état de bien fonctionner. Elle aspire l'eau à 6 mètres de profondeur et la refoule à 2 mètres.

M. ROUIRÉ, propriétaire à Saint-Nazaire (Aude).

Quant au presse-étoupes, il est toujours intact.

Fait à Saint-Nazaire, le 9 juillet 1860.

Signé : ROUIRÉ.

Vu pour la légalisation de la signature apposée ci-dessus.

Saint-Nazaire, le 10 juillet 1860.

Le Maire,

Signé : BÉNÉZECH.

M. le Directeur des Écoles chrétiennes de Mazamet (Tarn).

Monsieur,

J'ai un peu tardé à vous remercier de la bonté que vous avez eu de placer dans notre établissement une de vos pompes. J'ai voulu exprès attendre quelque temps afin de pouvoir vous adresser mes expressions de reconnaissance avec plus de connaissance de cause.

Aujourd'hui, que voilà bientôt sept mois que nous l'avons, je suis plus à même d'exposer les motifs qui légitiment ma démarche auprès de vous.

La petite pompe que vous nous avez envoyée a remplacé, dans notre maison, une pompe de l'ancien système. Autant le jeu de la vôtre est facile, autant son usage nous est commode. Nos élèves, même les plus jeunes, s'en servent journellement avec une extrême aisance. C'est à la simplicité de son calibre que doit sans doute être attribuée la cause qui empêche tout dérangement, alors qu'avec les plus grandes précautions, nous ne pouvions pas nous servir de l'ancienne pompe sans être obligés de faire faire des réparations continuelles. La vôtre, qui ne cesse pas de fonctionner de toute la journée, va encore aussi bien que le jour où elle fut placée. Le puits dans lequel elle plonge a 4 mètres de profondeur. La pompe déverse l'eau à une élévation de $2^{m},50$ au-dessus du niveau de l'eau; mais lorsque nous adaptons un tuyau de chanvre de 7 mètres de long à la tige principale, alors nous obtenons un jet qui s'élève à environ 6 mètres; mais nous pourrions l'obtenir d'une hauteur plus considérable, si cela nous était nécessaire.

Les services que votre pompe rend à notre établissement sont incalculables, et cela nous fait espérer que bientôt vous recevrez de Mazamet une foule de commandes, car toutes les personnes qui ont vu fonctionner notre petite pompe sont vraiment émerveillées.

Je ne doute point, Monsieur, que par votre invention vous n'ayez rendu un immense service à la société, et je suis heureux de pouvoir m'associer aux sentiments d'estime et de sympathie que vous recevez, sans doute, tous les jours, à bien juste titre.

Daignez agréer, etc.

Signé : F^re^ INGLEVERT.

Je soussigné déclare avoir acheté à MM. Delpech et Ce, de Castres, en 1854, une pompe Castraise, au calibre n° 2, pour puits de la cour, service des élèves.

UNIVERSITÉ DE FRANCE
—
Académie de Toulouse
—
COLLÉGE DE CASTRES
—

Cette pompe, dont la mise en jeu ne nécessite que très-peu de forces, a toujours parfaitement fonctionné et n'a pas nécessité de réparations.

En foi de quoi nous lui avons délivré le présent certificat.

Castres, le 10 juillet 1860.

Signé : ROUX,
principal du collége.

Vu pour légalisation de la signature Roux, principal, apposée d'autre part.

Castres, le 12 juillet 1860.

Pour le maire et les adjoints absents ou empêchés,
le Conseiller municipal en fonctions,

Signé : DUCARLA.

Vu pour légalisation de la signature de M. Ducarla, conseiller municipal, faisant fonctions de maire.

Le Sous-Préfet,
Signé : GRIMALDI.

M. BERGÉ, boulanger, à Canet (Aude).

Je soussigné, Antoine Bergé, boulanger à Canet (Aude), déclare que la pompe Castraise, calibre n° 1, placée chez moi depuis le 8 novembre 1856, par M. Castillon jeune, mécanicien à Saint-Nazaire (Aude), cette pompe, de l'invention de M. Delpech, de Castres, depuis que je l'ai, je n'ai qu'à en donner des éloges; je n'ai eu aucune réparation à y faire depuis trois ans qu'elle est placée, et elle est toujours en bon état de bon fonctionnement; elle aspire l'eau à 6 mètres et la refoule à 15 mètres.

Quant au presse-étoupes, il ne se dérange que très-rarement.

Fait à Canet, le 10 juillet 1860.

Signé : BERGÉ.

Vu pour légalisation de la signature du sieur Bergé, boulanger, apposée ci-dessus.

A Canet, le 10 juillet 1860.

Le Maire,
Signé : BERTHOMIEU.

M. T. MARAVAL, propriétaire, à Lavaur (Tarn).

Lavaur, 5 juillet 1860.

Monsieur,

Nous avons été trop satisfaits du service que nous a fait la pompe Castraise, n° 3, pour ne point répondre à votre demande, en vous envoyant ce certificat.

Depuis un an déjà que fonctionne cette pompe, il nous a été facile d'en constater l'utilité pour l'arrosage du jardin, surtout pour porter l'eau à des distances éloignées, force qui peut être utilisée bien mieux encore pour les incendies. Un des grands avantages de ce mécanisme tout simple, est le peu de réparation qu'il exige, notamment celui du presse-étoupes ; puis la facilité qu'on a de placer le corps de pompe dans le puits même, enlève toute crainte de voir la pompe se geler pendant l'hiver.

Nous aimons à constater que nous sommes pleinement satisfaits, et que la pompe a parfaitement répondu à notre attente.

Veuillez recevoir, etc.

Signé : Théodore MARAVAL.

Vu à la mairie de Lavaur (Tarn), pour légalisation de la signature de M. Maraval (Théodore), propriétaire à Lavaur, apposée ci-dessus.

Lavaur, le 6 juillet 1860.

Le Maire,

Signé : MAZAS.

M. DE PEIN, propriétaire, à Carles (Haute-Garonne).

Carles, le 10 juillet 1860.

Monsieur,

Je n'ai que des éloges à vous adresser sur la pompe que vous m'avez fournie et placée à Carles, près Villemur (Haute-Garonne).

Elle fonctionne depuis plus de trois ans, elle ne s'est jamais dérangée ; deux fois seulement j'ai fait changer les étoupes, la première fois, il y a environ dix-huit mois, et la deuxième fois, il y a peu de jours.

Elle rend tous les services que l'on peut désirer dans une ferme, soit auprès du puits où elle est placée, soit à une assez grande distance, lorsqu'on y adapte les tuyaux ; alors on arrose les fumiers, le potager ; on dirige aussi ces tuyaux dans le chais pour l'arroser pendant les chaleurs, et pour laver la vaisselle vinaire lors des vendanges ; enfin lorsqu'on adapte à ces tuyaux en corde la lance que vous m'avez fournie, l'eau s'élance bien au-dessus des toits de l'exploitation ; mais dans ce dernier cas, le service de la pompe est plus pénible, surtout si on veut obtenir une assez grande puissance, et deux personnes y sont nécessaires.

Comme l'eau du puits où la pompe est placée est courante, et qu'il y a peu de profondeur, le panier qui est au-dessous de la soupape touche le gravier ; il est arrivé plusieurs fois que quelques parcelles de gravier s'incrustaient entre les cuirs de la soupape et l'empêchaient de se bien fermer ; mais depuis que j'ai, d'après votre conseil, enveloppé ce panier d'une toile métallique, j'ai obvié au seul inconvénient qui se trouvait à cette pompe, inconvénient qui ne dépendait pas de votre travail.

Veuillez agréer, etc.

Signé : A. DE PEIN.

M. ÉTIENNE, caissier et fondé de pouvoirs de la maison de banque J. FOURGASSIÉ aîné.

Je soussigné déclare que MM. Delpech aîné et Ce m'ont fourni, le 25 juin 1857, une POMPE CASTRAISE, calibre n° 2, pour un puits de 6 mètres de profondeur et pour l'arrosage de mon jardin, au moyen de la lance ; que cette pompe m'a jusqu'ici rendu tout le service que j'en attendais, sans autre réparation que celle du presse-étoupes, une fois par an ; qu'une femme la manœuvre sans efforts, et qu'elle fournit alors un jet continu suffisant pour remplir en six minutes un réservoir d'environ 240 litres. Persuadé qu'en cas d'incendie j'en obtiendrais un grand secours, je vais la faire disposer de façon à ce que le tuyau d'arrosage puisse être, quand je le voudrai, dirigé sur ma maison.

En foi de quoi j'ai délivré le présent certificat.

Signé : ETIENNE,
Caissier et fondé de pouvoirs de la maison de banque
J. FOURGASSIÉ aîné.

Vu pour légalisation de la signature de M. Etienne :

Le Maire,
Signé : BERNADOU.

Vu pour légalisation de la signature de M. Bernadou, ayant les qualités énoncées d'autre part :

Castres, le 3 juillet 1860.

Le Sous-Préfet,
Signé : GRIMALDI.

M. Auguste VABRE, maître teinturier à Labastide (Tarn)

Je soussigné déclare avoir acheté à MM. Delpech aîné et Ce, de Castres, en 1855, une pompe Castraise, du calibre n° 5, pour le service de ma teinturerie, et pouvant parfaitement servir pour l'irrigation ou contre l'incendie.

Cette pompe, dont la mise en jeu ne nécessite que très-peu de force, a toujours parfaitement fonctionné dans mon établissement et n'a pas nécessité de réparation.

En foi de quoi je lui délivre le présent certificat.

Signé : A. VABRE.

Vu pour légalisation de la signature A. Vabre ci-dessus apposée :

La Bastide, le 7 juillet 1860.

Le Maire,
Signé : MALAFOSSE.

Vu pour légalisation de la signature de M. Malafosse, maire de Saint-Amans-Soult :

Castres, le 12 juillet 1860.

Le Sous-Préfet,
Signé : GRIMALDI.

M. BOYER, chanoine supérieur du séminaire de Castres.

Je soussigné, supérieur du petit séminaire de Castres (Tarn), certifie à qui il appartiendra avoir fait poser dans l'établissement une pompe Castraise, calibre n° 2, il y a environ deux ans. Depuis cette époque la pompe fonctionne tous les jours pour l'usage de la cuisine; elle n'a eu besoin d'aucune réparation proprement dite; je l'ai seulement fait nettoyer une fois. Je déclare, en outre, avoir vu fonctionner les pompes du système Delpech dans des cas d'incendie, et j'ai été étonné de leur force de projection.

Fait à Castres, le 6 juillet 1860.

Signé : BOYER.

Vu pour légalisation de la signature Boyer apposée d'autre part :

Castres, le 7 juillet 1860.

Pour le maire et les adjoints absents,
le Conseiller municipal en faisant fonctions,

Signé : DUCARLA.

Vu pour légalisation de la signature de M. Ducarla, conseiller municipal faisant fonctions de maire :

Castres, le 9 juillet 1860.

Le Sous-Préfet,
Signé : GRIMALDI.

LITS MILITAIRES
—
Place de Castres.
—
M. CAYROL.
—

Je soussigné, préposé du service des lits militaires de la place de Castres, certifie que j'emploie dans ma buanderie une pompe Castraise, fournie, en novembre 1856, par la maison Delpech aîné et Ce; que cette pompe a toujours fait un service continu sans exiger aucune réparation sérieuse.

J'ai également pris, en 1857, une seconde pompe pour ôter le lessif de la chaudière et le conduire sur le cuvier, et je suis encore très-satisfait de son service.

En foi de quoi j'ai délivré le présent pour servir au besoin.

Signé : CAYROL.

Pour légalisation de la signature Cayrol apposée ci-dessus ;

Castres, le 6 juillet 1860.

Le Maire,
Signé : BERNADOU.

Vu pour légalisation de la signature de M. Bernadou, maire de Castres :

Castres, le 6 juillet 1860.

Le Sous-Préfet,
Signé : GRIMALDI.

La pompe Castraise, n° 3, que vous m'avez fournie le 1er janvier 1855, a surpassé mes espérances et nos conventions. Elle fonctionne dans mon établissement de bains à 17 mètres de profondeur au lieu de 15, et fournit abondamment à toutes mes baignoires, dans lesquelles sont donnés, en moyenne, cent vingt bains par semaine. Très-facile à manœuvrer, elle n'a nécessité aucune réparation.

Mme Ve AZÉMA, propriétaire d'un établissement de Bains, à Castres (Tarn).

Recevez ici, Monsieur, cet hommage à la vérité, et ce témoignage de ma satisfaction personnelle.

Pour la veuve Azéma, illétrée :
Son fils,
Signé : AZÉMA.

Pour légalisation de la signature de M. Azéma fils, apposée ci-dessus :

Castres, le 6 juillet 1860.

Le Maire,
Signé : BERNADOU.

Vu pour légalisation de la signature de M. Bernadou, maire de Castres :

Castres, le 6 juillet 1860.

Le Sous-Préfet,
Signé : GRIMALDI.

Je soussigné, M. Victor Guilhou, propriétaire à Saint-Nazaire (Aude), certifie que la pompe Castraise, calibre I, que MM. Delpech aîné et Ce, de Castres, m'ont vendue et qui a été placée par M. Castillon jeune, mécanicien à Saint-Nazaire, son représentant, je n'ai qu'à en faire des éloges. Depuis le 19 avril 1856 que cette pompe est placée chez moi, je n'ai pas encore fait une simple réparation, et elle est toujours en état de bien fonctionner. Quant au presse-étoupes, dans l'espace de quatre ans, je ne l'ai encore changé qu'une seule fois.

M. GUILHOU, propriétaire, à St-Nazaire (Aude).

Fait à Saint-Nazaire, le 8 juillet 1860.

Signé : Victor GUILHOU.

Vu pour légalisation de la signature apposée ci-dessus.

Saint-Nazaire, le 10 juillet 1850.

Le Maire,
Signé : BÉNÉZECH.

M. HIRIART (L.). propriétaire, à Laguilhou.

Je soussigné, Léon Hiriart, propriétaire du domaine de Laguilhou, canton de Vieilmur, déclare avoir placé dans mon jardin, depuis le mois de mars 1854, une pompe Castraise, calibre n° 4, fournie par M. Delpech aîné, mécanicien à Castres.

Cette pompe a constamment servi à l'arrosage direct avec une lance : elle a toujours parfaitement fonctionné; depuis cette époque, on n'a regarni le presse-étoupes que deux fois.

En foi de quoi, j'ai délivré le présent, constatant ma satisfaction complète.

Laguilhou, le 1er juillet 1860.

Signé : HIRIART.

Vu pour légalisation de la signature de M. Hiriart (Léon) apposée ci-dessus.

Castres, le 2 juillet 1860.

Le Maire,
Signé : BERNADOU.

Vu pour légalisation de la signature de M. Bernadou, maire de Castres.

Castres, le 3 juillet 1860.

Le Sous-Préfet,
Signé : GRIMALDI.

MARAIS DE LÉZERT.

—

Sangsues médicinales.

—

COUSY-MERCIÉ et Cᵉ, à Castres (Tarn).

Castres, le 6 juillet 1860.

Messieurs,

Par votre lettre du 30 juin 1860, vous nous demandez de vouloir bien vous faire connaître notre opinion sur la pompe calibre , n° 252, que vous nous avez fournie et qui alimente notre chaudière à vapeur.

Nous sommes contents de cette pompe qui n'a exigé aucune espèce de réparation. C'est avec satisfaction que nous en donnons l'assurance.

Veuillez, etc.

Signé : COUSY-MERCIÉ et Cᵉ.

Pour légalisation de la signature Cousy-Mercié et Cᵉ, apposée ci-dessus.

Castres, le 6 juillet 1860.

Le Maire,
Signé : BERNADOU.

Vu pour légalisation de la signature de M. Bernadou, maire de Castres.

Castres, le 6 juillet 1860.

Le Sous-Préfet,
Signé : GRIMALDI.

MOULIS, entrepreneur, à Castres (Tarn).

Je soussigné, entrepreneur de travaux publics, certifie que j'ai dans mon atelier une pompe Castraise qui fonctionne depuis quatre ans, et que je n'ai eu aucune réparation à y faire, malgré qu'elle soit toujours en mouvement.

Castres, le 4 juillet 1860.

Signé : MOULIS.

Vu pour légalisation de la signature Moulis, apposée ci-dessus :

Castres, le 5 juillet 1860.

Le Maire,
Signé : E. BERNADOU.

Vu pour légalisation de la signature de M. Bernadou, maire de Castres.

Castres, le 5 juillet 1860.

Le Sous-Préfet,
Signé : GRIMALDI.

M. LAVAL, propriétaire, à Castres (Tarn).

Je déclare avoir placé à la campagne une pompe Castraise, calibre n° 2, depuis le 14 novembre 1856 ; que j'ai été toujours très-satisfait de son résultat pour l'arrosement de mon jardin. Je n'ai eu aucune réparation à y faire depuis cette époque, et elle fonctionne aussi bien aujourd'hui que dans le principe.

Castres, le 4 juillet 1860.

Signé : LAVAL.

Pour légalisation de la signature Laval apposée ci-dessus.

Castres, le 4 juillet 1860.

Le Maire,
Signé : BERNADOU.

Vu pour légalisation de la signature de M. Bernadou, maire de Castres.

Castres, le 5 juillet 1860.

Le Sous-Préfet,
Signé : GRIMALDI.

M. FOSSE-ALBY propriétaire, à Roquecombe (Tarn).

Je déclare et certifie que la pompe Castraise, n° 2, que m'a fournie, le 15 novembre 1857, la maison Delpech aîné et Ce, remplit parfaitement le but que je m'étais proposé. Cette pompe, placée dans un puits de 9 mètres de profondeur, monte l'eau au premier étage pour les besoins de ma maison. Depuis, elle n'a nécessité aucun entretien. En foi de quoi, j'ai signé le présent.

Roquecourbe, le 13 juillet 1860.

Signé : B. FOSSE-ALBY.

Pour légalisation de la signature B. Fosse-Alby, apposée ci-dessus.

Castres, le 14 juillet 1860.

Le Maire,
Signé : BERNADOU.

Vu pour légalisation de la signature de M. Bernadou, maire de Castres, apposée d'autre part.

Castres, le 14 juillet 1860.

Le Sous-Préfet,
Signé : GRIMALDI.

M. PIEGLOSKI, docteur-médecin, à Castres (Tarn).

Le soussigné certifie que la pompe que lui a fournie M. Delpech fonctionne parfaitement et remplit très-bien le but pour lequel elle a été établie, savoir: de fournir facilement et abondamment de l'eau pour arrosage du jardin et monter l'eau dans un réservoir au premier étage.

Cette pompe est à 7 mètres de distance du puits qui l'alimente.

En foi de quoi avons délivré à M. Delpech le présent certificat, pour lui servir à qui de droit.

Castres, 5 juillet 1860.

Signé : PIEGLOSKI.

Vu pour légalisation de la signature Piegloski, apposée d'autre part.

Castres, 7 juillet 1860.

Pour le maire et les adjoints absents,
le Conseiller municipal faisant fonctions,
Signé : DUCARLA.

Vu pour légalisation de la signature de M. Ducarla, conseiller municipal, faisant fonctions de maire,

Castres, le 9 juillet 1860.

Le Sous-Préfet,
Signé : GRIMALDI.

M. A LECAMUS, manufacturier, à Castres (Tarn)

Je certifie que j'ai employé plusieurs fois les pompes Castraises de MM. Delpech aîné et Cᵉ, pour puiser l'eau pendant que je faisais exécuter des travaux hydrauliques. Ces pompes, qui sont à double effet, ont fonctionné de manière à ne rien laisser à désirer; elles sont montées sur de petites roues, ce qui les rend excessivement faciles à transporter; elles peuvent être mises en jeu presque aussitôt qu'elles arrivent sur le lieu où l'on veut s'en servir, et il n'y a d'autre retard que les deux ou trois minutes nécessaires pour visser le tuyau d'aspiration.

Castres, le 7 juillet 1860.

Signé : A. LECAMUS.

Vu pour la légalisation de la signature Lecamus, filateur, apposée d'autre part.

Castres, le 9 juillet 1860,

Le Maire,
Signé : BALARAN, adjoint.

Vu pour légalisation de la signature de M. Balaran, adjoint au maire de Castres.

Castres, le 10 juillet 1860,

Le Sous-Préfet,
Signé : GRIMALDI.

PARIS — IMPRIMERIE CENTRALE DES CHEMINS DE FER DE NAPOLÉON CHAIX ET Cᵉ, RUE BERGÈRE, 20. — 8538.

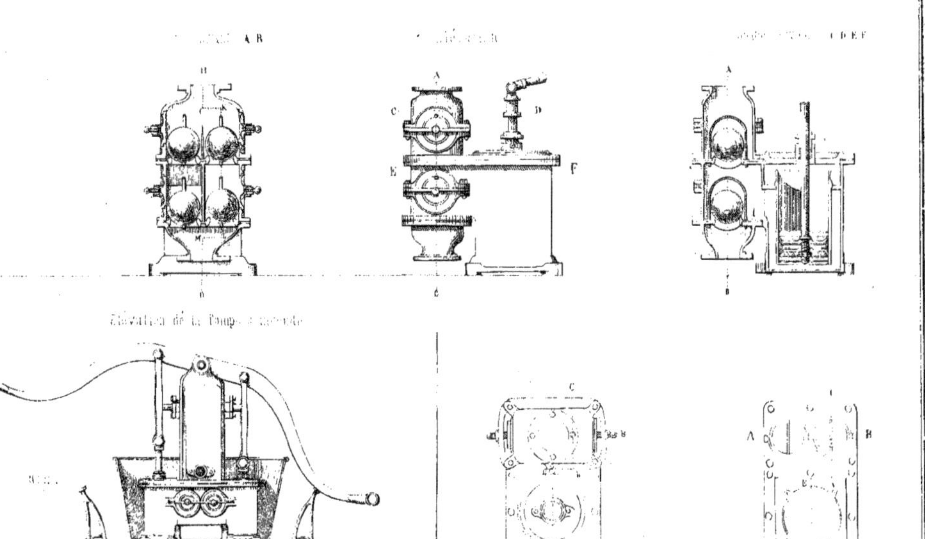

POMPE CASTRAISE A INCENDIE
aspirante et foulante
puisant dans la Bâche ou avec aspiration

www.ingramcontent.com/pod-product-compliance
Ingram Content Group UK Ltd.
Pitfield, Milton Keynes, MK11 3LW, UK
UKHW021017180726
13838UKWH00004B/1565